高等职业教育系列教材

理论+实践一体化|软件编程+硬件设备系统构建

虚拟仪器技术与应用

主编 | 刘 科　张 微
参编 | 宋 佳　宋秦中　陈光红

全书由 LabVIEW 基本使用、基于 LabVIEW 的测控系统设计和创新设计 3 篇共 12 个项目构成。第 1 篇通过 5 个项目介绍 LabVIEW 的基本使用；第 2 篇由 3 个独立的测控项目构成，详细介绍了硬件构成、软件实现以及系统调试；第 3 篇为 4 个创新设计，给出项目要求等信息，要求根据前两篇的内容设计测控系统，并给出参考设计。

本书内容由浅入深、由简单到复杂；有边学边做的内容，也可自己设计内容；在教学中可调动学生积极性、激发学生求知欲和探索精神。每个项目的完成都能使他们获得很大的成就感，增强自信心和工程意识。

本书可作为高等职业院校电子信息类、自动化类及相关专业的教材，也可供虚拟仪器的初学者使用。

本书配有微课视频，扫描二维码即可观看。另外，本书配有电子课件，需要的教师可登录机械工业出版社教育服务网（www.cmpedu.com）免费注册，审核通过后下载，或联系编辑索取（微信: 13261377872, 电话: 010-88379739）。

图书在版编目（CIP）数据

虚拟仪器技术与应用/刘科，张微主编. —北京：机械工业出版社，2024.1（2024.8 重印）

高等职业教育系列教材

ISBN 978-7-111-74307-1

Ⅰ. ①虚⋯ Ⅱ. ①刘⋯ ②张⋯ Ⅲ. ①虚拟仪表-高等职业教育-教材 Ⅳ. ①TH86

中国国家版本馆 CIP 数据核字（2023）第 225178 号

机械工业出版社（北京市百万庄大街 22 号　邮政编码 100037）
策划编辑：和庆娣　　　　　　　责任编辑：和庆娣
责任校对：杜丹丹　李　婷　　　责任印制：郜　敏
中煤（北京）印务有限公司印刷
2024 年 8 月第 1 版第 2 次印刷
184mm×260mm・14.5 印张・374 千字
标准书号：ISBN 978-7-111-74307-1
定价：59.90 元

电话服务　　　　　　　　　　　网络服务
客服电话：010-88361066　　　　机 工 官 网：www.cmpbook.com
　　　　　010-88379833　　　　机 工 官 博：weibo.com/cmp1952
　　　　　010-68326294　　　　金 书 网：www.golden-book.com
封底无防伪标均为盗版　　　机工教育服务网：www.cmpedu.com

Preface 前　言

　　党的二十大报告指出，"推动战略性新兴产业融合集群发展，构建新一代信息技术、人工智能、生物技术、新能源、新材料、高端装备、绿色环保等一批新的增长引擎。"虚拟仪器技术广泛应用于机械工业、国防航天、半导体、院校科研、无线通信、交通运输、汽车、能源等各个领域，是计算机技术与仪器技术深层次结合的产物。它利用了高性能模块化的硬件，结合了高效灵活的软件，具有传统仪器无法比拟的优势。随着计算机技术、大规模集成电路技术和通信技术的发展，虚拟仪器技术也得到了迅猛发展，在功能上不断加强，应用领域也不断扩大。在虚拟仪器技术领域，应用最普遍的软件开发环境是 NI 公司的 LabVIEW。

　　本书通过理论与实践一体化项目的形式，深入浅出地介绍了虚拟仪器的软件编程和硬件设备系统构建。虚拟仪器软件部分介绍 LabVIEW 的编程方法，硬件设备主要介绍实验室普遍使用的多功能虚拟仪器教学平台 NI ELVIS Ⅲ，以及学生竞赛创新活动常用的便携式可编程测量设备 NI myDAQ、嵌入式开发平台 NI myRIO。

　　本书共分 3 篇 12 个项目，第 1 篇 LabVIEW 基本使用和第 2 篇基于 LabVIEW 的测控系统设计为必修内容，参考学时为 56~70 学时；第 3 篇创新设计可作为学生课程设计的内容。

　　本书是"国家职业教育（智能控制技术）专业教学资源库"网络课程资源建设项目——"虚拟仪器技术与应用（创新课程）"的配套教材，读者可以通过微知库网站加入在线开放课程的学习。

　　书中详细介绍每个项目的硬件构成，并配有视频，读者可以根据需要自己搭建源程序。

　　本书由苏州市职业大学刘科、张微主编，宋佳、宋秦中、陈光红参编。苏州科技大学许洪华、北京曾益慧创科技有限公司刘浩工程师、上海恩艾仪器有限公司高明泽工程师和北京中科泛华测控技术有限公司提供了部分资料和项目案例，在此一并表示感谢。全书由刘科负责统稿。

　　因编者水平有限，书中难免有疏漏和不足之处，恳切希望广大读者批评指正。

编　者

二维码资源清单

序号	名 称	图 形	页码	序号	名 称	图 形	页码
1	1.3.1 创建一个简单的 VI		16	11	2.5.4 图形数据操作—读取显示二维图片		47
2	任务 2.2 数值型数据操作		25	12	2.5.4 图形数据操作—绘制三维图		48
3	2.4.2 创建数组		32	13	任务 3.1 应用 For 循环设计 VI		54
4	2.4.6 创建和使用簇		36	14	3.1.3 移位寄存器的使用		56
5	2.5.1 生成波形数据		38	15	3.3.1 真假条件应用		64
6	2.5.2 分析处理波形数据		40	16	3.3.2 多种选择条件应用—设计数码管显示 VI		66
7	2.5.3 显示波形数据		42	17	3.3.2 多种选择条件应用—设计气温监测 VI		68
8	2.5.3 显示波形数据—强度图刻度和刻度颜色（拓展）		46	18	任务 3.5 应用事件结构设计 VI		74
9	2.5.3 显示波形数据—强度图和强度图表（拓展）		46	19	任务 4.1 存取文本文件—把一个 3 行 4 列随机数数组写入文本文件中		80
10	2.5.3 显示波形数据—用 XY 图显示心形曲线		47	20	任务 4.1 存取文本文件—添加文本数据		80

(续)

序号	名　称	图　形	页码	序号	名　称	图　形	页码
21	任务 4.1　存取文本文件—读取文本文件		80	26	任务 6.1　设计控制系统的前面板		126
22	5.3.3　数字量输出程序设计—DO（单通道）程序设计		118	27	任务 6.2　实现交通灯控制逻辑功能		130
23	5.3.3　数字量输出程序设计—DO（多通道）程序设计		118	28	6.2.2　用 For 循环实现倒计时		131
24	5.3.3　数字量输出程序设计—流水灯程序设计		119	29	任务 8.1　前面板设计—门控件制作		147
25	项目 6　交通灯控制系统设计		125	30	任务 8.2　基于状态机的自动门程序结构设计		150

V

目录 Contents

前言

二维码资源清单

第 1 篇　LabVIEW 基本使用

项目 1　认识 LabVIEW ················· 2

项目目标 ······················· 2
任务 1.1　认识虚拟仪器 ················· 2
 1.1.1　虚拟仪器简介 ················ 2
 1.1.2　LabVIEW 简介 ················ 3
任务 1.2　认识 VI ···················· 4
 1.2.1　VI 简介 ··················· 4
 1.2.2　VI 的组成 ················· 4
 1.2.3　VI 的前面板 ················ 8
 1.2.4　VI 的程序框图 ··············· 11
 1.2.5　VI 的图标/连线板 ············· 15
任务 1.3　创建 VI ··················· 16
 1.3.1　创建一个简单的 VI ············ 16
 1.3.2　子 VI 的创建和调用 ············ 18
任务 1.4　数据流和运行及调试 VI ············ 18
 1.4.1　数据流 ·················· 18
 1.4.2　运行及调试 VI ··············· 19
1.5　思考题 ······················ 21

项目 2　认识 LabVIEW 中的数据类型 ········· 22

项目目标 ······················· 22
任务 2.1　字符串型数据操作 ··············· 23
 2.1.1　认识控件与函数选板 ············ 23
 2.1.2　字符串的显示方式 ············· 24
 2.1.3　日期时间的显示 ·············· 24
任务 2.2　数值型数据操作 ················ 25
 2.2.1　认识控件与函数选板 ············ 25
 2.2.2　数值属性 ················· 27
 2.2.3　数值表示法 ················ 27
 2.2.4　用随机数产生模拟温度 ··········· 28
 2.2.5　比较函数 ················· 28
 2.2.6　温度的比较与警示 ············· 29
任务 2.3　布尔型数据操作 ················ 29
 2.3.1　认识控件与函数选板 ············ 29
 2.3.2　机械动作 ················· 30
 2.3.3　简单的布尔操作 ·············· 30
 2.3.4　温度报警程序设计 ············· 30
任务 2.4　数组和簇操作 ················· 31
 2.4.1　认识控件与函数选板 ············ 31
 2.4.2　创建数组 ················· 32
 2.4.3　数组的大小和索引运算 ··········· 32
 2.4.4　字节数组和浮点数之间的相互转换 ······ 33
 2.4.5　布尔数组与数值之间的转换 ········· 35
 2.4.6　创建和使用簇 ··············· 36
 2.4.7　簇的编号与排序 ·············· 37
 2.4.8　簇与数组的相互转换 ············ 37
任务 2.5　图形数据操作 ················· 38
 2.5.1　生成波形数据 ··············· 38
 2.5.2　分析处理波形数据 ············· 40
 2.5.3　显示波形数据 ··············· 42
 2.5.4　图形数据操作 ··············· 47
2.6　思考题 ······················ 52

项目 3　应用结构设计程序　53

项目目标　53
任务 3.1　应用 For 循环设计 VI　54
　3.1.1　设计循环计数器　54
　3.1.2　利用 For 循环创建二维数组　55
　3.1.3　移位寄存器的使用　56
任务 3.2　应用 While 循环设计 VI　58
　3.2.1　设计复数运算 VI　58
　3.2.2　设计温度转换与报警 VI　59
　3.2.3　设计循环累加器　61
　3.2.4　利用移位寄存器循环点亮指示灯　62
任务 3.3　应用条件结构设计 VI　64
　3.3.1　真假条件应用　64
　3.3.2　多种选择条件应用　65
任务 3.4　应用顺序结构设计 VI　71
　3.4.1　顺序结构　71
　3.4.2　编写顺序点亮指示灯 VI　71
任务 3.5　应用事件结构设计 VI　74
　3.5.1　事件结构　74
　3.5.2　编写指示灯状态控制 VI　75
3.6　思考题　77

项目 4　数据的读写与存储　78

项目目标　78
任务 4.1　存取文本文件　79
任务 4.2　存取二进制文件　81
任务 4.3　存取电子表格文件　82
任务 4.4　存取波形文件　83
任务 4.5　存取数据记录文件　84
任务 4.6　存取 TDMS 文件　85
4.7　思考题　88

项目 5　典型虚拟仪器实验设备的使用　89

项目目标　89
任务 5.1　构建虚拟仪器测控系统　90
　5.1.1　选择传感器　90
　5.1.2　选择数据采集硬件　92
　5.1.3　选择仪器总线　94
　5.1.4　选择系统处理器　96
　5.1.5　选择仪器驱动　98
　5.1.6　选择系统应用开发软件　100
任务 5.2　认识几种虚拟仪器设备　102
　5.2.1　NI ELVIS Ⅲ　102
　5.2.2　使用 NI ELVIS Ⅲ 仪器　103
　5.2.3　NI myDAQ　107
　5.2.4　使用 myDAQ 仪器　108
　5.2.5　NI myRIO　111
　5.2.6　NI myRIO 硬件规格及扩展外围 I/O　112
任务 5.3　简单的测量 I/O 程序设计　115
　5.3.1　编写 ELVIS Ⅲ 操作程序　115
　5.3.2　数字量采集程序设计　117
　5.3.3　数字量输出程序设计　118
　5.3.4　模拟量采集程序设计　120
　5.3.5　模拟量输出程序设计　122
5.4　思考题　123

第 2 篇　基于 LabVIEW 的测控系统设计

项目 6　交通灯控制系统设计 ………………………………… 125

【项目描述】…………………………… 125
　项目目标 …………………………… 125
　任务要求 …………………………… 125
　实践环境 …………………………… 126
任务 6.1　设计控制系统的前面板 … 126
　6.1.1　前面板布置 ………………… 126
　6.1.2　制作交通灯控件 …………… 127
　6.1.3　制作表格 …………………… 129

任务 6.2　实现交通灯控制逻辑
　　　　　功能 ……………………… 130
　6.2.1　交通灯控制逻辑设计 ……… 130
　6.2.2　用 For 循环实现倒计时 …… 131
任务 6.3　设计交通灯控制系统 …… 133
拓展任务 6.4　系统调试 …………… 134
6.5　思考题 …………………………… 134

项目 7　温度预警系统设计 …………………………………… 135

【项目描述】…………………………… 135
　项目目标 …………………………… 135
　任务要求 …………………………… 135
　实践环境 …………………………… 136
任务 7.1　设计系统前面板 ………… 136
任务 7.2　模拟采集温度信号 ……… 137
　7.2.1　温度信号采集 ……………… 137

　7.2.2　分析处理温度信号 ………… 138
　7.2.3　温度预警程序设计 ………… 141
任务 7.3　温度预警系统设计 ……… 142
　7.3.1　温度预警系统硬件设计 …… 142
　7.3.2　温度预警系统软件设计 …… 142
任务 7.4　温度预警系统调试 ……… 143
7.5　思考题 …………………………… 145

项目 8　自动门控制仿真系统设计 …………………………… 146

【项目描述】…………………………… 146
　项目目标 …………………………… 146
　任务要求 …………………………… 146
　实践环境 …………………………… 147
任务 8.1　前面板设计 ……………… 147
　8.1.1　自动门动画设计 …………… 147
　8.1.2　布尔控件制作 ……………… 149
　8.1.3　自动门前面板设计 ………… 150
任务 8.2　基于状态机的自动门
　　　　　程序结构设计 …………… 150

　8.2.1　自动门系统工作流程 ……… 150
　8.2.2　使用基本状态机设计程序 … 151
任务 8.3　自动门控制仿真程序
　　　　　设计 ……………………… 155
　8.3.1　等待状态设计 ……………… 155
　8.3.2　开门和关门状态设计 ……… 155
　8.3.3　停止、退出和初始化状态设计 … 157
拓展任务 8.4　系统调试 …………… 158
8.5　思考题 …………………………… 158

第 3 篇 创 新 设 计

项目 9 基于 myDAQ 的体温测量仪设计 …… 160

【项目描述】 ……………………… 160
 项目目标 ……………………… 160
 任务要求 ……………………… 160
 实践环境 ……………………… 161
任务 9.1 体温测量仪硬件系统设计 ……………………… 161
任务 9.2 指示灯控制程序设计 …… 162
任务 9.3 温度信号采集程序设计 … 165
 9.3.1 温度信号采集主程序设计 ……… 165
 9.3.2 温度比较子程序设计 …………… 166
 9.3.3 调用温度比较子程序 …………… 167
任务 9.4 体温测量仪系统程序设计 ……………………… 168
 9.4.1 系统程序结构设计 ……… 168
 9.4.2 系统程序设计 …………… 169
 9.4.3 前面板设计 ……………… 171
拓展任务 9.5 系统调试 …………… 173
9.6 思考题 ……………………… 173

项目 10 基于 myDAQ 的音频信号处理系统设计 ……………… 174

【项目描述】 ……………………… 174
 项目目标 ……………………… 174
 任务要求 ……………………… 174
 实践环境 ……………………… 174
任务 10.1 编写 myDAQ 操作程序 ……………………… 174
 10.1.1 配置与采集硬件数据 …… 175
 10.1.2 编写程序 ……………… 178
任务 10.2 LabVIEW 声音信号处理 ……………………… 182
 10.2.1 时域波形和频谱 ……… 182
 10.2.2 低通滤波器处理 ……… 184
 10.2.3 高通滤波器处理 ……… 185
任务 10.3 音频信号处理系统设计 … 186
 10.3.1 程序设计 ……………… 186
 10.3.2 系统调试 ……………… 192
10.4 思考题 ……………………… 195

项目 11 基于 myRIO 的智能楼道灯控制系统设计 ……………… 196

【项目描述】 ……………………… 196
 项目目标 ……………………… 196
 任务要求 ……………………… 196
 实践环境 ……………………… 197
任务 11.1 编写测控程序 ………… 197
 11.1.1 准备工作 ……………… 197
 11.1.2 创建一个 myRIO 项目 … 198
 11.1.3 运行调试 myRIO 项目 … 202

任务 11.2　LED 灯的手、自动
　　　　　控制 ………………… 204
　11.2.1　建立接口电路 ………… 204
　11.2.2　编写 LabVIEW 程序 …… 204
任务 11.3　基于光敏传感器的
　　　　　LED 灯控制 …………… 206
　11.3.1　建立接口电路 ………… 206
　11.3.2　编写 LabVIEW 程序 …… 207
任务 11.4　基于人体红外传感器的
　　　　　LED 灯控制 …………… 209
　11.4.1　建立接口电路 ………… 209
　11.4.2　编写 LabVIEW 程序 …… 210
拓展任务 11.5　整体系统调试 …… 211
11.6　思考题 …………………………… 211

项目 12　数字存储式录音系统设计 ………………… 212

【项目描述】
　项目目标 ……………………………… 212
　任务要求 ……………………………… 212
　任务分析 ……………………………… 212
　实践环境 ……………………………… 213
任务 12.1　声音数据采集 …………… 213
　12.1.1　声卡工作原理 ………… 213
　12.1.2　声卡的主要技术参数 … 213
　12.1.3　LabVIEW 中的声音函数 … 214
任务 12.2　前面板设计 ……………… 214
任务 12.3　程序框图设计 …………… 215
　12.3.1　系统流程图 …………… 215
　12.3.2　系统架构设计 ………… 215
　12.3.3　声音数据采集与播放 … 217
任务 12.4　运行调试 ………………… 219
12.5　思考题 …………………………… 219

参考文献 ……………………………………………………… 220

第1篇 LabVIEW基本使用

项目 1 认识 LabVIEW

项目目标

知识目标
1. 了解虚拟仪器的基本概念、G 语言的特点和编程方法。
2. 了解 LabVIEW 的编程思想。
3. 掌握 LabVIEW 各个选板的功能及使用方法。
4. 掌握简单 VI 的设计和运行调试方法。

能力目标
1. 能描述 VI 的组成及各部分功能。
2. 会使用工具选板的各个功能。
3. 会使用控件选板进行前面板设计。
4. 会使用函数选板进行程序框图设计。
5. 会进行 VI 的调试运行,以及错误处理等。

素养目标
1. 具有良好的编程习惯,程序框图设计整齐美观,前面板设计美观、操作方便。
2. 具有良好的工程意识,程序命名规范。
3. 具有良好的自我学习能力,具有勇于创新、敬业乐业的工作作风。

任务 1.1 认识虚拟仪器

1.1.1 虚拟仪器简介

在了解什么是虚拟仪器（Virtual Instrument，VI）之前,这里先简单回顾一下仪器技术的演进历程。在测试、测量领域,仪器经历了与电话类似的发展过程。仪器中或者植入 CPU、内存,安装上软件,具备了计算机的基本功能;或者被拆解开来,取其核心部件插入到计算机中,使计算机具备测试功能。这两种发展方向都使得仪器的功能更强大,速度更快,而其区别之处在于,把仪器移植到计算机中,更多考虑的是降低成本;而在仪器中植入 CPU、内存,则更多的是为了满足仪器小型化的需要。

在计算机运算能力强大到一定程度之后,以"虚拟"为前缀的各项技术纷纷出现,比如虚拟现实、虚拟机和虚拟仪器等。虚拟现实是指用计算机表现真实世界;虚拟机是指在一台计算机上模拟多台计算机;虚拟仪器是指在计算机上完成仪器的功能。虚拟仪器的概念最早由美国国家仪器公司（National Instruments，NI）提出,虚拟仪器是相对于传统仪器来说的。在传统的实验室里做各种物理/电子学实验时,常常用到万用表、示波器等仪器,每台仪器就是一个固定的盒子，它们所有的测量功能都在这个盒子内完成，这就是所谓的传统仪器。而进入虚拟仪器时代，这种单一功能的盒子已逐渐被计算机所取代。

用户看不到传统仪器盒子的内部，更无法改变其结构。因此，一台传统仪器一旦离开生产线，其功能和外观就固定下来了。用户只能利用一台传统仪器完成某项需求固定的测试任务，一旦测试需求改变，就必须再次购买满足新需求的仪器。而虚拟仪器技术就是利用高性能的模块化硬件，结合高效灵活的软件来完成各种测试、测量和自动化应用。灵活高效的软件能帮助用户创建完全自定义的用户界面（传统仪器的软件通常被称为固件，无法由用户改变），模块化的硬件能方便地提供全方位的系统集成（传统仪器就是一个个单独的盒子），标准的软硬件平台能满足用户对同步和定时应用的需求（传统仪器的平台各个厂商各不相同）。

虚拟仪器技术除了基础的信号采集部分，其他软硬件全部采用通用的计算机软、硬件设备。这些通用的软、硬件设备能低廉的价格进行升级，或者由使用者按自己的意愿进行配置。比如，在虚拟仪器上，用户可以通过升级 CPU 来加快仪器的处理速度，还可以自己编写程序来改变仪器的测试功能和交互界面。图 1-1 给出了传统仪器（见图 1-1a）与虚拟仪器（见图 1-1b）之间的结构对比。可以看出，虚拟仪器具有灵活高效的软件、模块化的硬件以及标准的与通用 PC 相兼容的软硬件平台。

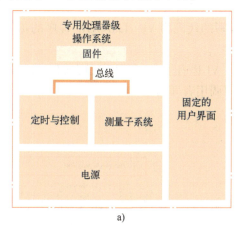 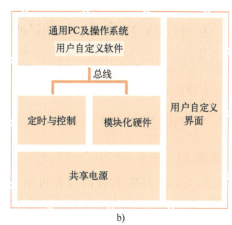

图 1-1　传统仪器与虚拟仪器的结构对比
a）传统仪器　b）虚拟仪器

后面的项目中将介绍如何构建一个典型的虚拟仪器测控系统，这里首先来认识一个常常与"虚拟仪器"成对出现的名称——LabVIEW。在很多情况下，LabVIEW 容易和虚拟仪器混为一谈，这里有必要着重指出，虚拟仪器技术依赖于灵活高效的软件+模块化的硬件+标准的软硬件平台，而 LabVIEW 是灵活高效软件的最重要代表之一。

1.1.2　LabVIEW 简介

实验室虚拟仪器工程平台（Laboratory Virtual Instrumentation Engineering Workbench，LabVIEW）是 NI 推出的一种功能强大而又灵活的仪器和分析软件应用开发工具，它是一种编程语言，与其他常见的编程语言相比，其最大的特点就是具有图形化的编程环境。

常见的编程语言（如 C 语言等）都是文本式的编程语言。文本语言是抽象的，但是效率高，能用简短的语言表达丰富的含义。而对于用户而言，无疑需要花费较长的时间和较多的精力去熟悉这些语言。

对于大多数的工程师，尤其是不精通软件的工程师，他们的精力更多的是投入在所希望实现的功能上，而非编程语言的掌握上。NI 提供的这样一款图形化编程软件，恰恰满足了这样的需求。对于软件初学者，LabVIEW 只需要两三天便可以入门，工程师就可以运用 LabVIEW 来实现很多简单的功能。

LabVIEW 不但在设计程序前界面部分使用了图形化的方式，在程序代码的编写和功能实现上也使用了图形化的方式。由于 LabVIEW 采用的是图形化开发环境，所以也经常会被称为 G 语言（Graphical Programming Language）。LabVIEW 不仅可以应用于测控行业，而且被广泛地用于仿真、教育、快速开发、多硬件平台的整合使用等方面。同时，LabVIEW 还支持实时操作系统和嵌入式系统（如 FPGA 等）。

任务 1.2　认识 VI

1.2.1　VI 简介

VI 有两个含义，其一是虚拟仪器（Virtual Instrument）的缩写（虚拟仪器是一门技术，它基于计算机技术，包含硬件和软件两大部分），另一个含义是 LabVIEW 程序。以往称文本式编程语言所编写的代码为源代码，称使用 LabVIEW 编写的代码为 VI，LabVIEW 程序的扩展名为".vi"。简单地讲，"一个 VI 就是一个 LabVIEW 程序"。

与文本编程语言中所说的主函数、子函数类似，VI 也有主 VI 和子 VI，它们在编写过程中没有什么本质差别，只是称被调用的 VI 为子 VI，而调用者即为主 VI。

1.2.2　VI 的组成

1. 新建 VI

在安装了 LabVIEW 软件的计算机中，单击"开始"菜单，找到 National Instruments，展开后如图 1-2 所示，单击 NI LabVIEW 2019 SP1，打开 LabVIEW 2019，其启动界面如图 1-3 所示（图中显示的"LabVIEW 2019 ELVIS Ⅲ Toolkit"是因为安装了 ELVIS Ⅲ 相关软件包，正常只显示"LabVIEW 2019"）。启动界面的左侧是新建项目、VI 等命令，右侧可用来打开已有程序。新建或者打开项目的操作，也可以通过左上角的"文件"菜单进行。

在 LabVIEW 中新建一个 VI，有多种方法，具体如下。

1）在启动界面的左上方，选择"文件"→"新建 VI"命令，就可以创建一个空白 VI。

2）在启动界面的左侧，单击"Create New Project"按钮，弹出如图 1-4 所示的"创建项目"对话框。选择右侧的"VI"，即可在该项目下创建新的 VI。

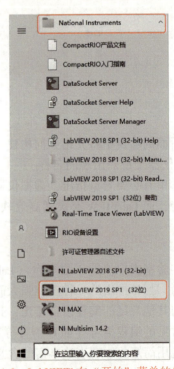

图 1-2　LabVIEW 在"开始"菜单的位置

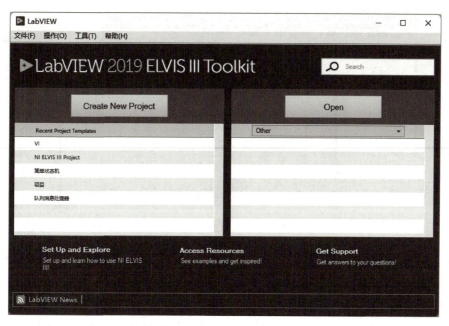

图 1-3　LabVIEW 2019 启动界面

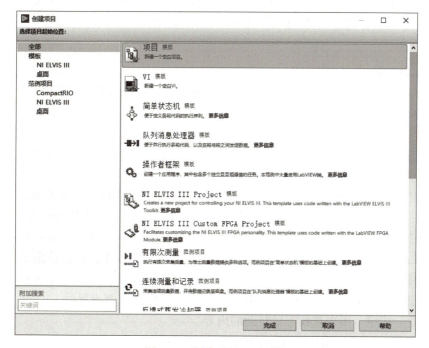

图 1-4　"创建项目"对话框

3）在前面板或者程序框图中，选择"文件"→"新建 VI"命令，也可新建一个 VI。

新创建的 VI 窗口如图 1-5 所示。从图中看到，一个完整的 VI 包含 3 大部分，即前面板、程序框图、图标/连线板。

LabVIEW 的前面板和程序框图窗口与 Windows 下的其他软件（比如 Office）类似，最上面是标题栏，标题栏下面是菜单栏，接着是工具栏。工具栏下面是工作区域，用户可以在这里编辑用户界面或程序框图。与其他软件不同的是，在前面板和程序框图窗口的右上角都有一个图

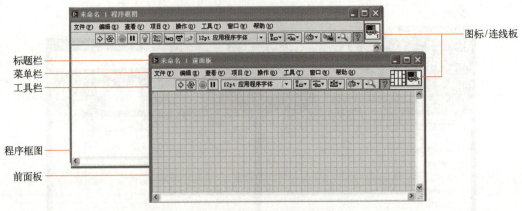

图 1-5 新创建的 VI 窗口

标/连线板。前面板是图形化的用户界面，相当于实际仪器仪表的面板，而程序框图用来定义该仪器仪表的功能，相当于仪器仪表内部的功能部件。

2. LabVIEW 菜单栏

LabVIEW 的菜单有两种：下拉菜单和快捷菜单。下拉菜单与其他软件类似，都在菜单栏中，此处不进行详细介绍。快捷菜单在控件、函数和连线等处单击鼠标右键时就会出现。LabVIEW 有着丰富的右键功能，在后面的相关章节会详细介绍。

3. 工具栏

（1）前面板工具栏

"程序运行"按钮。若程序运行按钮变为 ，则说明此时程序框图中有错误。比如有断线、必需的端口未连接连线端子、子 VI 不能运行等。

"连续运行"按钮。连续运行当前程序。

"中止执行"按钮。强制停止所运行的程序，一般不推荐使用该按钮停止运行的程序，因为强制停止可能导致已占用的资源未完全释放。

"暂停"按钮。在连续运行时，用来暂停程序，如需继续运行，再单击该按钮即可。

"文本设置"按钮。修改当前选中文本的字体、大小和颜色等。

分别是"对齐对象""分布对象""调整对象大小"按钮，用来调整当前选中的控件的排列方式以及大小，如中心对齐、左对齐和右对齐等距排布控件，依据某控件大小修改所有选中控件的大小。

"重新排序"按钮。可用于锁定控件或背景图片以及置前或置后。

"搜索"按钮。用来查找需要帮助的内容。

"即时帮助"按钮。用来打开和关闭即时帮助窗口。

（2）程序框图工具栏

程序框图工具栏中与前面板图标相同的，其功能也相同，这里只介绍与前面板中不同的图标。

"高亮显示"按钮。调试程序时单击该按钮，可放慢程序运行速度，查看经过每个节点的数据是否正常。

"保留连线值"按钮。单击该按钮，可以保留上一次运行时每个数据线上的数据，若使用探针（probe）查看，则可以看到之前一次的数据。

项目1　认识LabVIEW 　7

"单步调试程序"按钮。对程序一步一步进行调试。

"整理程序框图连线"按钮。对程序框图的连线进行整理。

以上所有描述都可以在LabVIEW的帮助文档中找到相关的说明。

4. "工具"选板

"工具"选板是经常使用的一个工具，如图1-6所示，在前面板和程序框图中都可以使用。如果该选板没有出现，则可以在菜单栏下选择"查看"→"工具选板"命令来显示，或者在空白处按〈Shift〉键+鼠标右键。"工具"选板的默认状态是选择上方的"自动工具选择工具"和"选择"，此时，"自动工具选择工具"的指示灯亮，而箭头形状的"选择工具"处于选中状态。在这种状态下，当光标移动到某个对象上时，会根据这个对象与其他对象当前的关系，自动选择一种合适的  图1-6　"工具"选板
工具。当自动选择工具不合适时，可以手动选择需要的工具。在选择了任一种工具后，光标就会变成该工具相应的形状。"工具"选板中各工具的具体功能见表1-1。

表1-1　"工具"选板中各工具的具体功能

序号	图标	名称	功能
1		Operate Value（操作值）	用于操作前面板的控制和显示。当使用它向数字或字符串控件中输入值时，工具会变成标签工具
2		Position/Size/Select（选择）	用于选择、移动或改变对象的大小。当它用于改变对象的连框大小时，光标会变成相应形状
3		Edit Text（编辑文本）	用于输入标签文本或者创建自由标签。当创建自由标签时，它会变成相应的形状
4		Connect Wire（连线）	用于在流程图程序上连接对象。当联机帮助窗口被打开时，把该工具放在任一条连线上，就会显示相应的数据类型
5		Object Shortcut Menu（对象菜单）	弹出对象的弹出式菜单
6		Scroll Windows（窗口漫游）	可以不需要使用滚动条而在窗口中漫游
7		Set/Clear Breakpoint（断点设置/清除）	在VI的流程图对象上设置断点
8		Probe Data（数据探针）	可在框图程序内的数据流线上设置探针。通过探针窗口来观察该数据流线上的数据变化状况
9		Get Color（颜色提取）	使用该工具来提取颜色，用于编辑其他的对象
10		Set Color（设置颜色）	用来给对象定义颜色。它也显示出了对象的前景色和背景色

当需要对程序的前面板、控件、程序框图和各种结构修改颜色的时候，用户可以选择"工具"选板下方的"设置颜色"选项，选择所需颜色即可。需要注意的是 选项，它是一个透明色的填充（Transparent）。

1.2.3　VI 的前面板

前面板是图形化的人机界面，用于设置输入量和观察输出量，它模拟真实仪器的前面板。对于传统的仪器仪表，需要对它输入参数并观察测量结果。虚拟仪器在前面板中也提供了实现这样功能的控件。其中，输入量被称为 Controller（输入控件），用户可以通过控件向 VI 中设置输入参数，如旋钮、开关和按钮等；输出量被称为 Indicator（指示控件），如图形、图表和指示灯等，VI 通过指示器向用户提示状态或输出数据等信息。这些控件可以从"控件"选板中选择。

打开"控件"选板有两种方法，一是在菜单栏里选择"查看"→"控件选板"，二是在前面板空白处单击右键，都会出现如图 1-7 所示的"控件"选板。

图 1-7　"控件"选板

1. "控件"选板

"控件"选板的上端有"搜索"和"自定义"两个按钮，单击"搜索"按钮，可以查找需要的控件。单击"控件"选板下面的箭头⊗折叠或单击⊗展开，可以更改可见类别或者隐藏类别。

　注意："控件"选板可以通过拖动标题栏移动到任意位置，"控件"选板的大小也可以通过拖动边框和四角进行调整。

"控件"选板里的许多控件外观都很形象，尤其"新式"控件选板里面的控件比较美观，有立体感，这里重点介绍。单击"新式"，打开"新式"控件选板，如图 1-8 所示。

"新式"控件选板中包含以下几类控件。

1）数值：数值的输入和显示。包括数值控件、滑动杆、滚动条、旋钮、仪表、温度计、颜色盒等。

2）布尔：逻辑数值的控制和显示。包含布尔开关、按钮、指示灯等。

3）字符串与路径：包含字符串和路径的输入和显示控件。

4）数据容器：包含数组、矩阵与簇的输入控件和显示控件等。

5）列表、表格和树：包含列表框、表格、树形和 Express 表格等控件。

6）图形：包含二维和三维图形图表以及图片控件等，用于显示数据结果的趋势图和曲线图。

7）下拉列表与枚举：包含下拉列表和枚举两类控件。

8）布局：包含分隔栏、选项卡、子面板等，用于组合控件，或在当前 VI 的前面板上显示另一个 VI 的前面板。

9）I/O：包含将所配置的 DAQ 通道名称、VISA 资源名称和 IVI 逻辑名称传递至 I/O VI 等的控件，与仪器或 DAQ 设备进行通信。

10）变体与类：包含变体和 LabVIEW 类，用来与变体和类数据进行交互。

11）修饰：包含各种图框、三角形、圆形等图形以及线段等，用于修饰和定制前面板的图形对象。

12）引用句柄：包含用于对文件、目录、设备和网络连接等进行的操作。引用句柄是对象的唯一标识符，这些对象包括文件、设备或网络连接等。打开一个文件、设备或网络连接时，LabVIEW 会生成一个指向该文件、设备或网络连接的引用句柄。对打开的文件、设备或网络连接进行的所有操作均使用引用句柄来识别对象。引用句柄控件用于将一个引用句柄传入或传出 VI。例如，引用句柄控件可在不关闭或不重新打开文件的情况下修改其指向的文件。

图 1-8 "新式" 控件选板

2. 前面板的编辑

（1）放置对象

在前面板编辑人机交互界面，需要用到各种控件，比如输入数据、数值显示、波形显示以及开关按钮等。用鼠标在控件选板上选择需要的控件，将其拖放到前面板上，就可以设计前面板。

先在前面板上放置一些数值控件，即打开 "控件" → "数值" 控件选板，选中 "数值输入" 控件，将其拖放到前面板上，面板上会出现 "数值" 控件。把该控件的标签 "数值" 改为 "数值输入"。用同样方法放置一个数值输出控件，改名为 "数值输出"。拖动 "控件" 选板右侧滚动条，找到 "旋钮" "温度计" "垂直刻度条" 和 "仪表" 等，拖放到前面板上。然后放布尔量，即打开 "控件" → "布尔" 控件选板，选择 "垂直摇杆开关" 和 "方形指示灯"，将其拖放到前面板上。放置对象的界面如图 1-9 所示。选择 "文件" → "保存"，VI 名称为 "前面板程序框图编辑"，窗口的标题栏内容由 "未命名 .vi" 变为 "前面板程序框图编辑 .vi"。

（2）调整对象

可以对图 1-9 中对象的位置、大小和颜色等进行修改。先把输入控件拖放到左侧、显示控件拖放到右侧。方法是将光标移动到对象上，当光标变成箭头时，按住鼠标左键，移动光标到合适位置，然后释放鼠标左键。如果不整齐，就可以使用工具栏上的"对齐对象"和"分布对象"来调整。调整对象的窗口如图1-10所示，选中要对齐的对象，然后单击"对齐"按钮选择里面的对齐方式即可。在将对象移动对齐后的图1-10中，分隔线左侧为输入控件，右侧为显示控件。

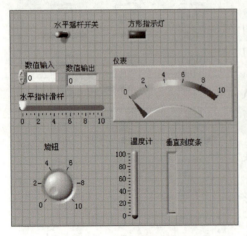

图1-9 放置对象的界面

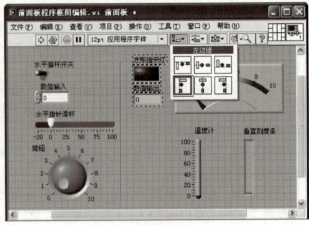

图1-10 调整对象的窗口

改变对象大小的方法是，把光标移动到对象上，对象的边缘就会出现拖动句柄，将光标移动到句柄上，按住鼠标左键就可以将对象任意拖动到合适的大小。例如，把指示灯和旋钮适当拉大。

改变对象以及背景的颜色要用到"工具"选板。打开"工具"选板，单击最下边的"设置颜色"，可以进行前景和背景颜色的修改，如图1-11所示。然后选择一个颜色，光标变成毛笔形状，单击要修改的对象即完成颜色修改，例如将"旋钮"的颜色改为蓝色。如果对颜色的修改不满意，就可以在菜单栏打开"编辑"下拉菜单，取消该修改，其他修改也可以用同样方法取消。

改变文字的颜色、大小字体和样式要用到工具栏里的"文本设置"按钮。修改文本如图1-12所示。

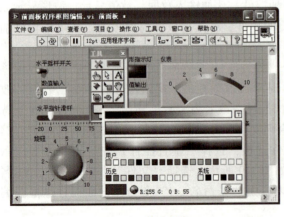

图1-11 修改颜色

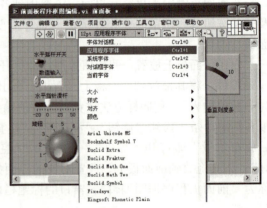

图1-12 修改文本

同Windows操作系统下的其他应用软件类似，LabVIEW支持剪切板，可以对面板上的对象进行复制粘贴，也可以把其他的图片、文本等复制粘贴到前面板上，还可以使用〈Ctrl+C〉

（复制）、〈Ctrl+V〉（粘贴）组合键来完成。例如将"数值输入"复制粘贴后，出现新的数值输入控件"数值输入 2"。要删除对象，只需选中该对象，然后按键盘上的〈Delete〉键即可。以上操作也可通过"编辑"菜单下的相应命令实现。

（3）控件的快捷菜单和属性修改

每个控件都有自己的属性，在控件上单击右键，就会出现快捷菜单。不同类型控件的快捷菜单不尽相同，如图 1-13 所示，左侧为"数值输入"控件的快捷菜单，右侧为显示控件"仪表"的快捷菜单。在"数值输入"控件的快捷菜单中，有一个"转换为显示控件"选项；显示控件的快捷菜单里有一个"转换为输入控件"选项，可见输入控件和显示控件可以互相转换。

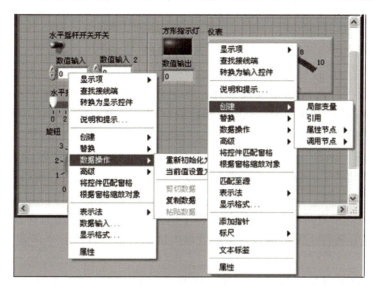

图 1-13　不同类型控件的快捷菜单

在控件的快捷菜单中都有"属性"选项，在这个选项里面，可以进行一些属性设置。选中"属性"选项会打开"属性设置"对话框，可进行外观、操作、数据绑定和快捷键等的设置。

对控件某些属性的设置，也可以不打开属性对话框，比如刻度范围的修改。以水平指针滑杆为例，滑杆默认刻度范围为 0~10，要修改成−20~100，只需单击最小值处，输入"−20"，单击最大值处，输入"100"即可。刻度范围设置如图 1-14 所示。"旋钮""仪表""温度计"等也可以依样修改量程。

图 1-14　刻度范围设置

1.2.4　VI 的程序框图

程序框图是用来编写 VI 逻辑功能的图形化源代码。在前面板上放置的控件是程序的数据接口，称为 Terminal（接线端子），而控件在程序框图中会以 Icon（图标）的形式显示。在图 1-15a 所示 Convert C to F.VI 的前面板中有 3 个控件，分别是"摄氏温度 C"的数值、"华氏温度 F"的数值以及"温度计"，在图 1-15b 所示的程序框图中有对应这 3 个控件的同名端子。在程序框图中看到的控件图示就是前面板上控件本身的样子，这个是所谓的 View As Icon（显示为图标）。在程序框图中右击任意一个接线端子，将弹出快捷菜单中的"显示为图标"勾选去掉，就可以将 Terminal 变为缩小版本。

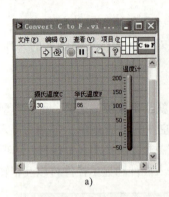 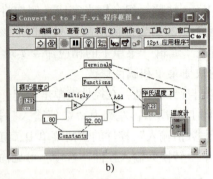

图 1-15 Convert C to F. VI 的前面板和程序框图

a) Convert C to F. VI 的前面板 b) 程序框图

1. "函数"选板

除了与前面板控件对应的接线端子外,程序框图中还有函数(Function)、子 VI(Sub VI)、常量(Constant)、结构(Structure)和连线(Line)等。在图 1-15 中有 3 个接线端子、两个函数和两个常量。

在 LabVIEW 的"函数"选板中包含了大量的结构、数据类型、定时函数、数学算法、各个硬件驱动和已安装的工具包等。在编程时可以选择所需函数,放置在窗口内,并用线条连接起来,以实现所需的功能。

打开"函数"选板有两种方式,一是在程序框图的菜单栏中单击"查看"→"函数"选板;另一种方式是在程序框图的窗口内空白处单击鼠标右键,打开的"函数"选板如图 1-16a 所示。

"函数"选板也可以像"控件"选板一样改变大小、位置和展开等。如图 1-16b 所示为"编程"选板。下面简单介绍该选板,其他选板的内容在相关章节中介绍。

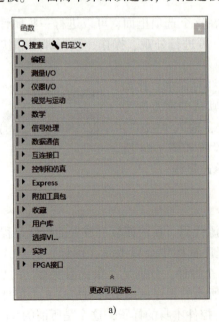 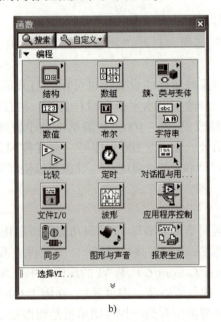

图 1-16 "函数"选板和"编程"选板

a)"函数"选板 b)"编程"选板

1)结构。包含程序控制结构命令,提供循环、条件、顺序结构、公式节点、全局变量和结构变量等编程要素。

2)数组。包含数组运算函数、数组转换函数和常数数组等。

3)簇、类与变体。包含簇的处理函数等。提供各种捆绑、解除捆绑、创建簇数组、索引与捆绑簇数组、簇和数组之间的转换以及变体属性设置等功能。

4)数值。数学运算、标准数学函数、各种常量和数据类型变换以及各种数值常数等。

5)布尔。包含各种布尔运算函数、布尔常量等。

6)字符串。包含各种字符串操作函数、数值与字符串之间的转换函数以及字符(串)常量等。

7)比较。包含数字量、布尔量和字符串变量之间比较运算功能的函数等。

8)定时。包含时间计数器、时间延迟、获取时间日期和设置时间标识常量等。

9)对话框与用户界面。包含各种按钮对话框、简单错误处理、颜色盒常量、菜单、游标和简单的帮助信息等。

10)文件 I/O。包含处理文件输入/输出的程序和函数。

11)波形:包含创建波形、提取波形、数模转换、模数转换等处理工具。

12)应用程序控制。包括动态调用 VI、标准可执行程序等功能的函数。

13)同步。包含提供通知器操作、队列操作、信号量和首次调用等功能的工具。

14)图形与声音。包含声音、图形和图片等功能模块。

15)报表生成。包含提供生成各种报表和简易打印 VI 前面板或说明信息等功能模块。

2. 程序框图的编辑

1)在前面板切换到"程序框图"的方法主要有如下 3 种。

① 通过菜单栏的"窗口"下拉菜单选择"显示程序框图"。

② 使用〈Ctrl+E〉组合键实现前面板与程序框图之间的切换。

③ 选中前面板上的任意控件,双击鼠标左键。

打开"前面板程序框图编辑.vi",切换到"程序框图"窗口,如图 1-17 所示。图 1-17 中包含与前面板上控件一一对应的端子,同样使用"对齐""分布"按钮,把所有对象排列整

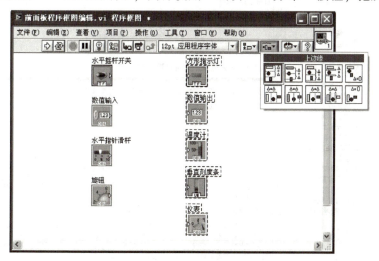

图 1-17 "程序框图"窗口

齐，并且将输入端子放在左侧，显示端子放在右侧。观察发现，输入端子的右侧和显示端子的左侧都有一个"▷"符号，当将光标移动到该位置时，会出现一个接线端子，同时光标变成线轴形状的连线工具❥。

在程序框图中要实现一定功能，仅有接线端子是不够的，还需要放置相关的函数。比如在本例中，放一个加法运算函数。加法运算函数的位置在"函数"选板→"编程"→"数值"里面。打开"数值"函数选板，把"加法"函数拖放到程序框图面板上。"加法"函数有两个输入端和一个输出端，使用时，这3个端口必须都连接使用。

对函数的使用如有疑问，可以查看它的帮助信息。

2) 查看帮助信息的方法主要有如下几种。

① 在前面板和程序框图窗口的右上角，即工具栏的右侧有个问号，是"即时帮助"开关，单击这个按钮，可以打开或关闭"即时帮助"窗口，如图1-18所示。

② 也可以使用〈Ctrl+H〉组合键打开或关闭"即时帮助"窗口。

要想详细了解某节点，可单击窗口内的"详细帮助信息"，打开"LabVIEW 帮助"窗口，如图1-19所示；还可以单击"即时帮助"对话框左下角的3个按钮：▦按钮可以隐藏或显示可选连线端口的解释；🔒按钮可以锁定当前"即时帮助"窗口所显示的内容，使其不会因为光标的移动而改变其显示的内容；❓按钮用于打开 LabVIEW 的帮助文档，查看当前显示内容的详细帮助文档。

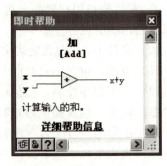

图1-18 "即时帮助"窗口

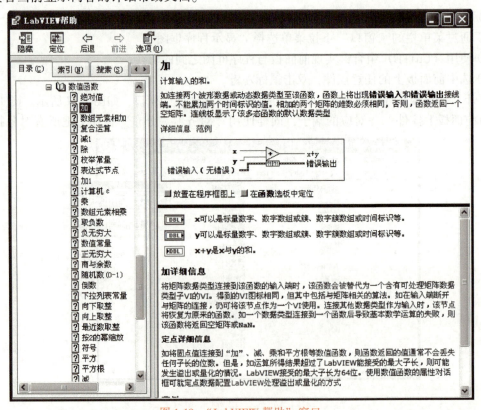

图1-19 "LabVIEW 帮助"窗口

3）编辑连线及运行 VI。在一个接线端的连接点单击，会出现一条虚线。将光标移动到下一个连接点，再单击，虚线就会变成实线，这样就完成了一个连接。如果需要转弯，那么只需要在转弯处单击一下即可，如图 1-20 所示。以此方法完成所有连接，把输入控件与显示控件直接相连或者通过运算函数相连，完成的程序框图如图 1-21 所示。

图 1-20　编辑连线

完成所有连接后切换至前面板，保存文件后，单击工具栏上的"连续运行" 。鼠标操作输入控件，改变输入控件的数据，观察显示控件，会看到与它连接的显示控件数据跟随输入的变化而变化。VI 运行时的前面板如图 1-22 所示。

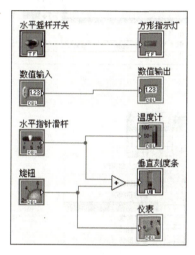

图 1-21　完成的程序框图

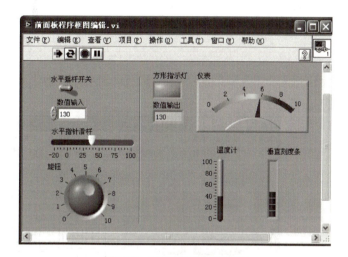

图 1-22　VI 运行时的前面板

1.2.5　VI 的图标/连线板

图标/连线板是 VI 的第 3 个组成部分。在前面板和程序框图的右上角都有"图标/连线板"的显示，用鼠标双击右上角的"图标"就可以打开如图 1-23 所示的"图标编辑器"对话框，可以对其修改、涂色、写字等。这是图标修改的一种方式。若有自己喜欢的图片，则可以直接拖拉图片至前面板右上方图标的位置，替换掉 VI 已有的图标，这是图标修改的另一种方式。

连线板是 LabVIEW 的一个编程接口，为子 VI 定义输入、输出端口和这些端口的连接线类型。当调用子 VI 节点时，子 VI 输入端口接收从外部控件或其他对象传送到各端口的数据，经子 VI 内部处理后又从子 VI 输出端口输出结果，传送给子 VI 外部显示控件，或作为输入数据传送给后面的程序。

右击前面板"连线板"的位置（连线板定义如图 1-24 所示），可以打开快捷菜单，对该连线板进行"模式"选择、添加/删除接线端等操作。端口的"模式"里面提供了多种数量和排列方式，如果"模式"中没有需要的类型，就可以通过添加/删除接线端来修改。

若要定义某个端口与前面板的控件相关联，可单击连线板上的某个端口，再单击待选的控件即可。

一般情况下，VI 只有设置了连接器端口才能作为子 VI 使用，如果不对其进行设置，调用

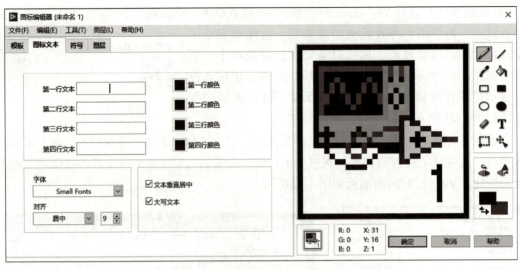

图 1-23 "图标编辑器"对话框

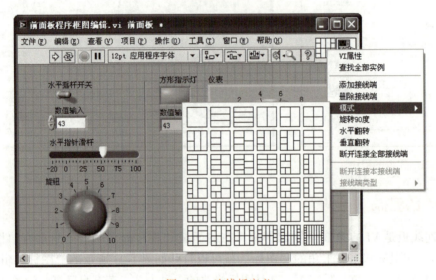

图 1-24 连线板定义

的只是一个独立的 VI 程序，而不能改变其输入参数，也不能显示或传输其运行结果。

如希望编写的 VI 有如图所示的端口形式，则修改某端口的定义，就可以将当前 VI 的端口定义变为必需的（粗体）、推荐的（普通字体），或可选的（灰色字体）。

任务 1.3　创建 VI

1.3.1　创建一个简单的 VI

本节以一个简单的温度转换 VI 为例来介绍创建 VI 的步骤。

要求：实现将摄氏温度转换为华氏温度的功能，并在前面板显示摄氏温度和华氏温度。

操作步骤如下。

1.3.1　创建一个简单的 VI

1）双击计算机桌面上的 LabVIEW 图标，打开 LabVIEW。

2）在启动界面里选择左侧"新建"→"VI"，新建一个 VI。

3）在前面板上放置数值输入控件，用来输入待转换的摄氏温度；放置数值显示控件，用来显示转换结果。

① 展开"新式"选板，选择其中的"数值"控件，展开"数值"选板。分别选择数值输入控件和数值输出控件，放在前面板上。为了形象起见，再放一个"温度计"，用来指示华氏温度。

② 双击数值输入控件上面的文本"数值1"，将其修改为"摄氏温度C"，用同样方法把数值输出控件文本修改为"华氏温度F"，把"温度计"的量程更改为"-50~200"。

③ 选择菜单栏中的"文件"→"保存"，选择一个合适的位置，将程序命名为"Convert C to F"，此时在标题栏中就会显示"Convert C to F.vi 前面板"。

4）在程序框图中实现转换功能，即华氏温度=摄氏温度×1.8+32。

① 从前面板切换至程序框图，然后打开"函数"选板，选择"编程"→"数值"，展开"数值"选板，选择其中的"乘""加"两个函数，放置在程序框图窗口内。

② 把所有元件连接起来。

③ 在乘法和加法的输入端各有一个空闲的连接点，需要加一个常数。把光标移动到空闲的连接点上，单击右键，在出现的快捷菜单中选择"创建"→"常量"（如图1-25所示），然后输入数值即可。

5）编辑图标/连线板。

① 在图标/连线板上单击右键，在弹出的快捷菜单中选择"编辑图标"，在图标上绘"CtoF"文字。

② 在前面板图标/连线板处单击右键，打开连线板，在连线板上单击右键，从快捷菜单中选择端口模式。由于该 VI 中有一个输入变量和一个输出变量，所以选择端口的数目为两个的模式即可。单击连线板左侧矩形框，然后单击"摄氏温度C"，就完成了输入端的连接。用同样方法，把输出端子与"华氏温度F"连接起来。编辑好的连接器如图1-26所示。

图1-25 "创建"→"常量"

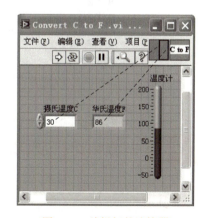

图1-26 编辑好的连接器

6）完成程序框图编写后，保存程序为"Convert C to F.vi"，然后切换到前面板。在数值输入控件中输入待转换的摄氏温度数值，比如30℃，然后单击工具栏中的"运行"按钮，观察输出数值控件的变化和温度计控件的变化。运行结果如图1-26所示。

7) 输入不同的温度值，并验算计算结果。

1.3.2 子VI的创建和调用

与文本编程语言中所说的主程序、子程序类似，VI也有主VI和子VI，它们的编写过程没有什么本质差别，只是被调用的VI称为子VI，而调用者称为主VI。

上例中创建的温度转换VI，就可以作为子VI被其他VI调用。一般情况下，子VI要进行图标/连线板的编辑，尤其是连线板。这样才能实现主VI与子VI之间的数据传递。如果没有数据传递，只是调用子VI执行，就可以不进行连接器编辑。图标编辑是为了在程序框图中能够明显区分各个子VI。

创建子VI的另一个方法是，在现有的VI中选定程序框图中的一部分作为子VI，如图1-27中的虚线部分所示。选择"编辑"→"创建子VI"，虚线部分就变成了一个图标。双击该图标，打开子VI，可对其进行编辑和重命名等操作。

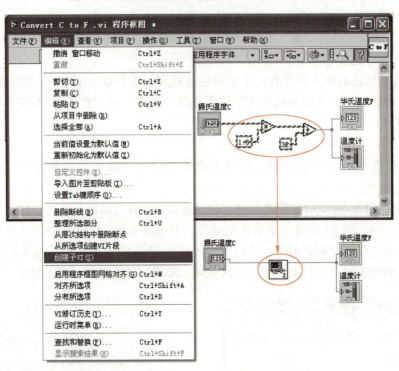

图1-27 创建子VI的另一个方法

任务1.4 数据流和运行及调试VI

1.4.1 数据流

LabVIEW作为一种通用的编程语言，与其他文本编程语言一样，它的数据操作是最基本的操作。LabVIEW是用"数据流"的运行方式来控制VI程序的，数据流是LabVIEW的生命，运行程序就是将所有输入端口上的数据通过一系列节点送到目的端口。

下面通过一个例子来介绍数据流思想。打开前面创建的VI "Convert C to F.vi"，单击程序框图中的高亮按钮,然后单击"运行"按钮,在程序框图中可以看到"小气泡"向后移动,这就是数据在一步步地向后传递。

在 LabVIEW 的程序框图中,任意一个函数和子 VI 等都可称为一个节点,每个节点都有自己的输入端口和输出端口。所谓数据流思想的重点在于,对于一个节点,只有当它所有的输入端口数据都准备好以后,程序才会进入它内部执行其功能,然后将结果送至输出端口。如果某个输入端口的数据因为一些算法,在数据准备上有延时,那么该节点就会处于等待状态,直到数据送来以后,才进入其内部执行相关的算法。

在图 1-28 所示的 Convert C to F.vi 框图中,乘法和加法分别为一个节点,在乘法完成之前,它无法将乘法的结果传递给加法的输入端口,所以加法必然是在乘法完成之后才进行的。

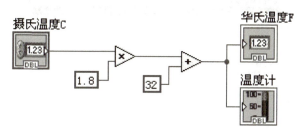

图 1-28 Convert C to F.vi 框图

LabVIEW 中函数、子 VI 的输入端口都在左边,输出端口都在右边,编程的整个方向也是从左至右的,所以好像数据流就是从左至右执行程序。这样的想法不完全正确。正确理解和使用数据流,可以更好地编写出用户所需功能的程序,不需要添加一些结构,就可以控制各个程序功能之间的执行顺序。

1.4.2 运行及调试 VI

首先按照图 1-29 所示创建一个 VI,命名为"调试练习.vi",功能是实现两个数据 x、y 的加法、减法和乘法运算。

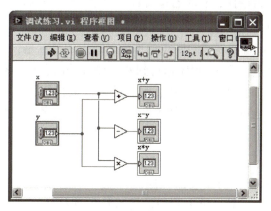

图 1-29 调试练习.vi

1. 找出语法错误

在编写 VI 的过程中,工具栏中的"运行"按钮有时为完整的箭头,有时为断开的箭头。如图 1-29 所示即为断开状态。此时 VI 程序存在语法错误,程序不能被执行。单击这个按钮就会弹出"错误列表"对话框，如图 1-30 所示。该对话框提示错误原因和警告信息。选择其中任何一个错误，单击对话框下方的"显示错误"按钮，就会回到程序框图，且错误的对象或端口就会变成高亮，此处"减法运算"变成高亮，错误原因是有一个输入端口没有连接。把它连接到数据 y，工具栏中的"运行"按钮就变为完整的箭头。

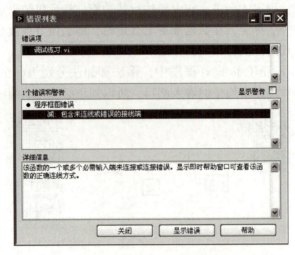

图 1-30 "错误列表"对话框

2. 高亮执行程序

在 LabVIEW 的工具栏中有"高亮执行程序"按钮，单击这个按钮使它变成高亮形式，再单击"运行"按钮，VI 程序就会以较慢的速度运行，没有被执行的代码显示灰色，执行后的代码显示高亮，并显示数据流线上的数据值，可以根据数据的流动状态跟踪程序的执行。

3. 断点与单步执行

为了查找程序中的逻辑错误，有时希望流程图程序一个节点接一个节点地执行。使用断点工具可以在程序的某一节点中止执行，用"探针"或者单步方式查看数据。当使用"断点"时，单击希望设置或者清除断点的地方。断点的显示是，对于节点或者图框表示为红框，对于连线表示为红点。当 VI 程序运行到断点设置处时，程序被暂停在将要执行的节点上，以闪烁表示。单击"单步执行"按钮，闪烁的节点被执行，下一个将要执行的节点变为闪烁，指示它将被执行。也可以单击"暂停"按钮，这样程序将连续执行，直到下一个断点为止。

4. 探针

可用"探针"工具来查看当流程图程序流经某一条连接线时的数据值。放置探针可从"工具"选板选择"探针"工具，单击希望放置探针的连接线；在流程图中使用"选择"工具或"连线"工具，单击右键，在弹出的快捷菜单中选择"探针"命令，同样可以为该连线加上一个探针。

在图 1-31a 中数据 y 的连线上，放置探针 1，弹出如图 1-31b 所示的探针监视窗口，窗口中显示该探针的位置、值和更新时间等信息。

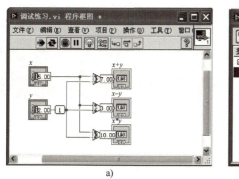
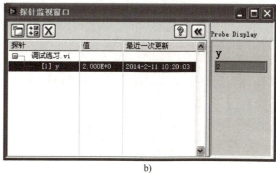

a)　　　　　　　　　　　　　　　b)

图 1-31　放置探针和探针监视窗口

a）放置探针　b）探针监视窗口

1.5 思考题

1. 参考 1.3.1 节的操作，创建一个 VI，实现将华氏温度转换为摄氏温度的功能，并在前面板显示摄氏温度和华氏温度。

2. 创建一个 VI，实现两个输入数据的加、减、乘运算，并显示数据的和、差与乘积。

项目 2　认识 LabVIEW 中的数据类型

LabVIEW 数据大致分为标量类（单元素）和结构类（包括一个以上的元素）两大类。标量类有数值、字符和布尔量等，结构类有数组、簇和波形等。LabVIEW 数据控件模板将各种类似的数据类型集中在一个子模板上以便于使用。

项目目标

知识目标
1. 熟悉 LabVIEW 中的数据类型。
2. 熟悉并掌握字符串、数值型、布尔型数据的特点与使用。
3. 掌握并掌握数组和簇数据的特点与使用。
4. 了解几种常见图形数据函数的特点及使用。

能力目标
1. 能够运用字符串、数值型和布尔型数据进行简单的编程。
2. 能够运用数组和簇函数进行简单编程，并能够对这两种数据类型进行比较和分析。
3. 能够运用常见的图像数据函数对图形数据进行分析与显示。
4. 能够综合运用多种类型的数据函数和控件进行数据的分析与显示。
5. 会进行 VI 调试运行，以及错误处理等。

素养目标
1. 具有良好的编程习惯，程序框图设计整齐美观，前面板设计美观、操作方便。
2. 具有良好的工程意识，程序命名规范。
3. 具有良好的自我学习能力，结合具体案例对数据进行操作，进行探究式学习。
4. 具有勇于创新、敬业乐业的工作作风，能用多种方法解决简单的工程问题。

LabVIEW 用颜色和连线来表示各类数据。表 2-1 给出了几种常用数据类型的端口图标及其颜色，更多的类型将在后面介绍。连线是程序设计中较为复杂的问题，程序框图上的每一个对象都带有自己的连线端口，连线将构成对象之间的数据通道。因为这不是几何意义上的连线，所以并非任意两个端口间都可连线，连线类似于普通程序中的变量。数据单向流动，从源端口向一个或多个目的端口流动。不同的线型代表不同的数据类型。表 2-2 给出了几种常用数据类型所对应的颜色和线型。

表 2-1　几种常用数据类型的端口图标及其颜色

数据类型	数值型		布尔量	字符串	路径	数组	簇
端口图标	数值 123	数值		abc	Path	123	
图标颜色	浮点数橙色	整数蓝色	绿色	粉色	青色	随成员变	棕或粉红

表 2-2　几种常用数据类型所对应的颜色和线型

类　型	颜　色	标　量	一维数组	二维数组
整型数	蓝色	—	—	—
浮点数	橙色	—	—	—
逻辑量	绿色			
字符串	粉色	~	~	~
文件路径	青色			

任务 2.1　字符串型数据操作

2.1.1　认识控件与函数选板

在"控件"选板→"新式"中包含"字符串与路径"控件选板，如图 2-1 所示。字符串（String）是 LabVIEW 中一种基本的数据类型；路径是一种特殊的字符串，专门用于对文件路径的处理。"字符串型与路径"控件选板中共有 3 种对象供用户选择，即字符串输入/显示、组合框和文件路径输入/显示。

在程序框图的"函数"选板中，也有关于字符串的运算函数。"字符串"函数选板如图 2-2 所示。

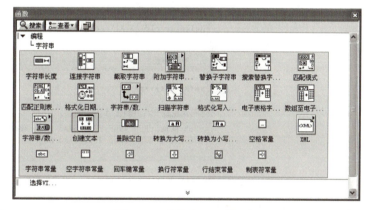

图 2-1　"字符串与路径"控件选板　　　　图 2-2　"字符串"函数选板

路径控件用于输入或返回文件或目录的地址。路径控件与字符串控件的工作原理类似，但 LabVIEW 会根据用户使用操作平台的标准句法将路径按一定格式处理。

组合框控件可用来创建一个字符串列表，在前面板上可按次序循环浏览该列表。在字符串控件中最常用的是字符串输入和字符串显示两个控件。在默认情况下创建的字符串输入与显示控件是单行的，长度固定。

图 2-3 所示为一个"字符串输入"控件、一个"字符串显示"控件的简单字符串操作。

图 2-3　简单的字符串操作

2.1.2 字符串的显示方式

字符串控件用于输入和显示各种字符串。用鼠标右键单击字符串控件，在弹出的快捷菜单中，关于定义字符串的显示方式有以下 4 种。

1) 正常显示。字符串控件在默认情况下为正常显示状态，显示字符的一般形式，在字符串输入过程中可以按输入〈Enter〉或〈空格〉键，系统自动根据键盘动作为字符串创建隐藏的'\'形式的转义控制字符。

2) \ 代码显示。有些字符具有特殊含义或无法显示，如〈Enter〉键等，可使用'\'转义代码表示出来，如"\n"为换行符，该显示方式适用于串口通信等。

3) 密码显示。当制作登录窗口时，密码行需要使用该显示方式。

4) 十六进制显示。在一些设备交互数据或者读写文件时，需要使用十六进制的方式显示其中的数据。

图 2-4 所示为输入图示字符串后不同显示方式的对比。

图 2-4 输入图示字符串后不同显示方式的对比

2.1.3 日期时间的显示

创建一个字符串显示控件，要求程序运行后显示系统当前的日期和时间。

日期/时间字符串程序框图如图 2-5 所示。当时间格式字符串为空的时候，显示的是系统当前的日期和时间，查看帮助信息可以获得日期/时间的其他相关信息。

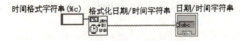

图 2-5 日期/时间字符串程序框图

结合帮助信息，其他字符串函数在后面用到时再进行介绍。

任务 2.2 数值型数据操作

2.2.1 认识控件与函数选板

数值型（Numeric）是 LabVIEW 的一种基本数据类型，可以是浮点数、整数、无符号整数和复数。"新式"的"数值"控件选板包含了各种形象的输入控件和显示控件，如图 2-6 所示。"数值"输入控件的快捷菜单如图 2-7 所示。

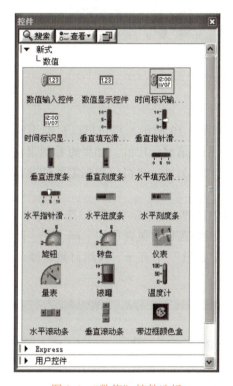

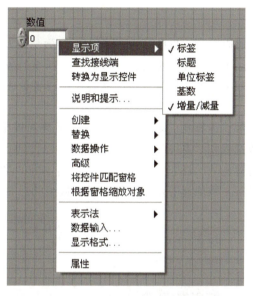

图 2-6 "数值"控件选板　　　　　图 2-7 "数值"输入控件的快捷菜单

图 2-8 显示了通过滑动杆得到输入数值，并通过量表、温度计、液罐等形式输出显示。

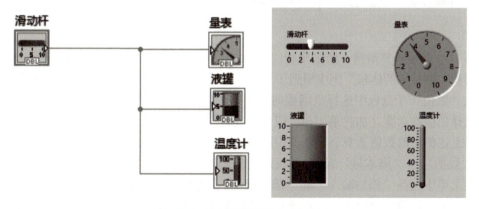

图 2-8 数值的简单输入/输出

上述数值只是单纯的数字，如果考虑实际问题，数值会涉及单位。如图 2-9 所示，量表、液罐和温度计都被赋予了单位。方法是选择控件，右击，在弹出的快捷菜单中选择"单位标签"进行数据单位定义。值得注意的是，一旦选择了"单位标签"，它们就不能共用一个数据输入了，因为对应的数据尽管数值相同，但是含义已经不一样了，否则就会报数据类型中存在不兼容单位的错误。

图 2-9 带单位的数值输入/输出

可以看到，LabVIEW 的前面板界面是很友好的，如图 2-10 所示，用户可以根据不同的要求选用不同的显示控件：如果需要很精准的数值，可以用数值显示控件；如果想看到很直观的视觉效果，就可以优先考虑液罐控件或者量表等图形控件。另外，也可以根据需要创建自定义控件。

数值运算相关函数在"数值"函数选板中，如图 2-11 所示。在"函数"选板的"编程"函数选板和"数学"函数选板中都可以找到。"数值"函数选板中包含了加、减、乘、除等基本运算函数，还包含了一些常量。其中的"数学与科学常量"中有 π、自然对数、摩尔体积常量等。数值运算函数支持标量和数组的运算。

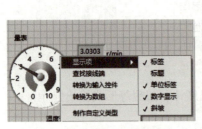 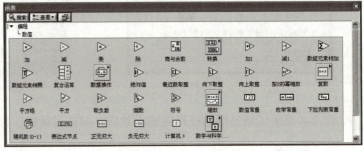

图 2-10 控件的"显示项"　　　　　　　图 2-11 "数值"函数选板

如图 2-12 所示运算举例，给定半径（输入控件）和圆柱体的高（输入控件），求圆形的面积、周长和圆柱体的体积。例中用到了复合运算函数，可以对一个或多个输入元素执行算术运算。从"数值"子选板中选择该函数时，函数的默认模式为加，右击函数，从弹出的快捷菜单中选择相应的运算（加、乘、与、或、异或）。

对于上述例子的数值运算，还可以用"公式节点"来完成，如图 2-13 所示。选择"函数"→"数学"→"脚本与公式"，可找到"公式节点"。右击"公式节点"边线，可以按要求从快捷菜单中选择"添加输入"和"添加输出"，定义好输入和输出后，就可以在节点内编辑运算公式了。值得注意的是：每一行公式是以英文模式下的分号结束的，否则会报错。

对比图 2-12 和图 2-13，可以看出当进行复杂的运算时，"公式节点"在编程时更为简洁。

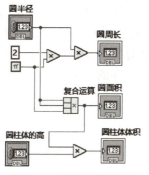

图 2-12　数值运算举例

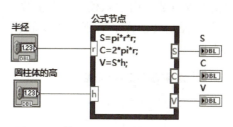

图 2-13　使用"公式节点"的数值运算

2.2.2　数值属性

数值控件中的"数值输入控件"比较常用，图 2-14 所示为数值输入控件的属性对话框，选择相应的选项，可对该控件进行一些操作和设置。"外观"选项卡（见图 2-14a）包含标签、标题、大小等选项。通过此对话框还可以对"数据类型""数据输入""显示格式"等属性进行设置，也可添加"说明信息"、进行"数据绑定"、设置"快捷键"等。

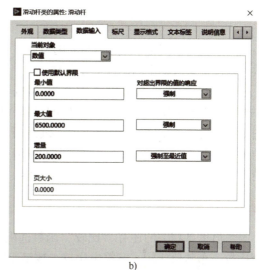

a)　　　　　　　　　　　　　　　　b)

图 2-14　数值输入控件属性对话框

a)"外观"选项卡　b)滑动杆属性

在"数据输入"选项卡中可以设置数值范围，以图 2-14b 所示的滑动杆属性为例，去掉"数据输入"选项卡中"使用默认界限"前面的"√"，可以设置转速范围为 0～6500 r/min、每次增加 200 r/min。考虑到实际问题中数值不能超过范围，在"对超出界限的值的响应"中选择"强制"，这样在运行过程中只能按照 200 增加，并且不会超出设定的 0～6500 r/min 范围。为了保持一致，对于滑动杆一类的控件，还必须在属性标尺中进行同样的范围设定。

2.2.3　数值表示法

在 LabVIEW 中，数值型的表示方法有多种，右击数值控件或接线端，在弹出的快捷菜单里选择"表示法"，弹出如图 2-15 所示的数值表示法选项。默认的数值类型是双精度浮点数（DBL），颜色为橙色。不同类型的数据，数据长度也是不同的。

需要注意的是，数值运算过程中，应尽量做到数据类型保持一致，否则会有强制类型转换点出现。强制转换是将低精度的数值转换为高精度数值再进行计算，如图 2-16 所示，其中的"数值"为双精度浮点数，而"数值 2"为整数，在进行加法运算时，在"数值 2"的接入端有一个红点，即为强制转换点。有强制类型转换点，就有内存的重新分配，会占用一定的资源，所以要尽量避免。

图 2-15　数值表示法

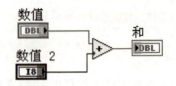

图 2-16　运算中的强制类型转换点

另外需要说明的是，如果数据需要进行十六进制、八进制或者二进制数显示，那么需要将默认的数值表示法由浮点型修改为整型。

2.2.4　用随机数产生模拟温度

运用数值函数产生一个 20±5 的随机数，用该随机数可以模拟某时刻室内温度的变化情况。

分析：±5 的随机数可以考虑 0～1 随机数乘以 10，然后减去 5 来实现。随机数产生的具体 VI 实现如图 2-17 所示，多次单击运行或者连续运行，会发现结果随机数在指定范围的变化，为了看清数据变化情况，可加一个等待函数（ms），等待 1 s。

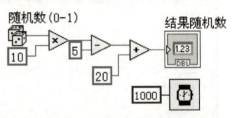

图 2-17　随机数产生的具体 VI 实现

2.2.5　比较函数

与数值运算相关的还有"比较"函数选板，如图 2-18 所示。"比较"函数选板可以进行数值比较、布尔值比较、字符串比较、数组比较和簇比较。不同数据类型的数据在进行比较时适用的规则不同。

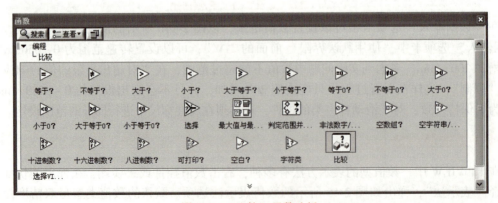

图 2-18　"比较"函数选板

2.2.6 温度的比较与警示

综合应用数值型数据、字符串和比较函数，接着上面的任务，将产生的温度随机数与21℃比较，当高于21℃时，文本显示为"温度偏高"，否则文本显示为"温度正常"。

两种状态的温度比较编程实现如图2-19所示。多次单击"运行"或"连续运行"，可以查看温度情况显示栏的结果变化。

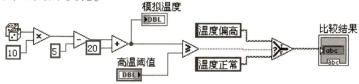

图2-19　两种状态的温度比较编程实现

可以进一步深入上述任务，考虑两个阈值的比较情况：将温度低于18℃记为低温警报，高于21℃设置为高温警报。

该问题实际上有3种情况，即高温警报、低温警报和正常，可以考虑用两个选择函数来实现。3种状态的温度比较编程实现如图2-20所示。多次单击"运行"或"连续运行"，可以查看结果变化。

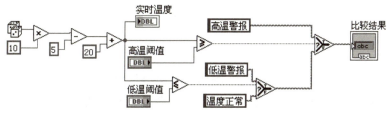

图2-20　3种状态的温度比较编程实现

任务2.3　布尔型数据操作

2.3.1　认识控件与函数选板

布尔（Boolean）控件代表一个布尔值，也可认为是逻辑变量，取值只能是真（True）或假（False）。这两个值分别用1字节来表示，当该字节所有的数值为0时值为假，否则，值为真。"布尔"控件选板如图2-21所示，包括各种开关、按钮和指示灯等。"布尔"函数选板如图2-22所示，包含了与、或和非等常用函数。与数值运算类似，布尔量的算法也可以支持标量和数组的运算。

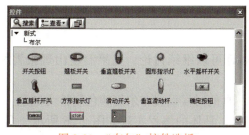 

图2-21　"布尔"控件选板　　　　　图2-22　"布尔"函数选板

2.3.2 机械动作

在布尔型输入控件中一共有 6 种机械动作。机械动作的选择在快捷菜单中。右击布尔控件,从快捷菜单中选择"机械动作",选项如图 2-23 所示。

不同的机械动作模拟了不同种类的开关。第 1 行是转换型的,如电灯的开关;第 2 行是触发型的,松手后开关恢复原位。按列来看,第 1 列是按住后立刻执行动作;第 2 列是按住松手后才执行动作;第 3 列是按住执行动作,松手后又恢复原位。

图 2-23 "机械动作"选项

2.3.3 简单的布尔操作

简单布尔量输入和显示如图 2-24 所示,通过比较布尔开关和布尔常量来控制布尔灯的异同。

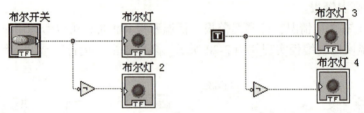

图 2-24 简单布尔量输入和显示

操作布尔量的时候会用到逻辑运算。例如,当两个传感器采集到的数值同时大于某个数值(报警阈值)时,报警灯(指示灯)点亮,警报器(喇叭)鸣叫,设计好的警报器程序如图 2-25 所示。

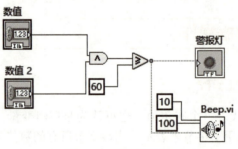

图 2-25 警报器程序

程序中用到逻辑与运算,只要其中任意一个传感器采集来的数值大于阈值就触发报警,应如何修改程序,请思考。

2.3.4 温度报警程序设计

对于图 2-20 中的温度报警问题,结合布尔运算可以继续讨论,如果温度出现报警情况,亮红灯,否则亮绿灯。

本问题涉及两个情况,对应布尔灯的真和假,真的时候设置布尔灯颜色属性为红色,假为绿色。高温警报和低温警报两种情况用与函数连接,具体的编程实现如图 2-26 所示,多次单击"运行"或"连续运行"可以查看结果变化。

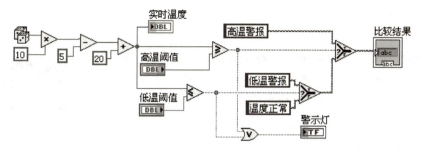

图 2-26 温度报警程序

上面的案例是用随机数来模拟温度采集值,而在自动化测试中,当软件发送命令读取测试设备的值(如温度)后,要对读取的值(如温度)与设定的值(报警阈值)进行比较、判定。读取的值可能是字符串或其他类型,如果直接将读取的值与设定的值进行比较,因两者类型不一致,连线就会出现错误,或者比较的结果不准确。

以图 2-27 为例,假设设定范围为 18.05~21.05,采集值为一个输入的浮点数,如果采集值在范围外,以红色报警灯(布尔圆形指示灯)显示报警。

案例中,设定的阈值是字符串,无法与数值型采集值进行比较。为了解决这个问题,这里用到了字符串中的匹配模式函数,将设定范围的上限和下限字符串分离出来,然后用字符串/数值转换函数中的"分数/指数字符串至数值转换"函数将上下限字符串分别转换为 DBL 型数值。与图 2-26 不一样,这里使用了另外一个比较函数:判定范围并强制转换函数。判定范围并强制转换函数检查采集值是否在上限和上限之间,如果在范围内,则为 TRUE;如不在范围内,则返回 FALSE。

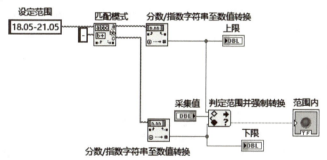

图 2-27 有字符串的比较报警程序

任务 2.4 数组和簇操作

2.4.1 认识控件与函数选板

数组在"数组、矩阵与簇"控件选板中,如图 2-28 所示。数组(Array)由元素和维度组成。元素是组成数组的数据,维度是指数组的长度、深度。数组中存放的是相同的数据类型,可以是数值型,也可以是布尔型或字符型等,最常用的是数值型的数组。可以创建数组控件和数组常量。

图 2-28 数组、矩阵与簇

2.4.2 创建数组

在"控件"选板中选择数值、字符串和布尔量等控件,将其拖放到数组外框中,得到一个一维数组。创建的数组如图 2-29 所示。图 2-29a 所示为放置一个双精度的由数值控件构成的一维数组。

如图 2-29b 所示,若要创建的是二维数组,则只需要上下拖拉,在左侧索引部分即可得到所需维数。图 2-29b 所示得到的是一个二维数组,图 2-29c 所示为程序框图中接线板的状况。

在程序框图中,标量的连线是一条细线,一维数组是较粗的实心线,二维数组的连线是由两根细线组成的,如图 2-29c 所示。除了可以创建数值型数组,还可以创建字符串型和布尔型数组。

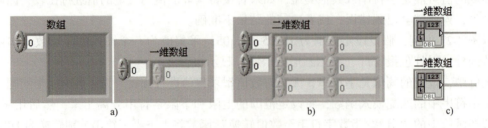

图 2-29 创建数组

a) 一维数组 b) 二维数组 c) 程序框图中接线板的状况

对于数组的相关运算,其实在查看其他数据类型的例程时应有所接触。对数组可以进行加减乘除的运算,此外,还可以索引某个元素、索引某行/某列、测量数组维度、重新组成新数组等。图 2-30 所示为"数组"函数选板。

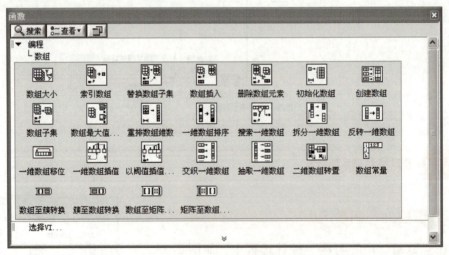

图 2-30 "数组"函数选板

2.4.3 数组的大小和索引运算

图 2-31 所示为一维数组函数的综合运用,即创建数组、使用数组函数,并在创建的数组中进行数组大小运算和索引运算。

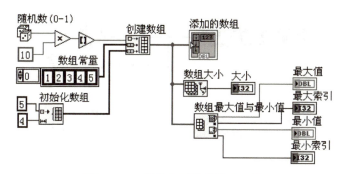

图 2-31　一维数组函数的综合运用

二维数组常常涉及索引,索引从 0 开始,函数中索引端口的顺序是先行后列,即先是行索引,后是列索引。如果行索引为空,只有列索引,那么索引的是对应的列,反之是行;如果既有行索引又有列索引,那么索引的将是对应的元素,图 2-32 所示的例子能很好地说明这一点。另外,创建一维、二维数组可以用后面将要讲到的 for 循环结构来实现。

图 2-32 所示为二维数组几种索引方式的比较。

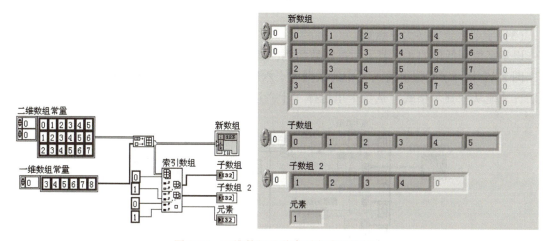

图 2-32　二维数组几种索引方式的比较

2.4.4　字节数组和浮点数之间的相互转换

实际工程项目中经常遇到字节数组和浮点数之间的相互转换问题。例如,在 LabVIEW 中读写 PLC 寄存器的时候,读取时就需要将字节数组转换为浮点数,写入时则需要将浮点数转换为字节数组。

(1) 将字节数组转换为字符串输出

在图 2-33 的示例中,使用了"字节数组转换为字符串"函数,实现了十六进制数据类型字节数组转换成目标字符串。值得注意的是,示例中使用的数据类型都是十六进制的数据类型,需要对属性里的显示格式或显示样式进行设置。

(2) 将字符串转换为字节数组输出

图 2-34 的示例是图 2-33 中示例的逆过程,使用了"字符串转换为字节数组"函数,使用十六进制的数据,所以在输入字符串中选择十六进制显示,输出数组中设置为整型、十六进制显示。

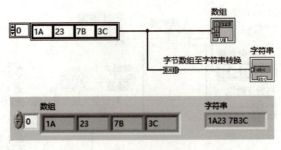

图 2-33　字节数组转换为字符串

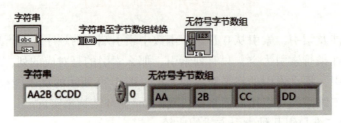

图 2-34　字符串转换为字节数组

(3) 字节数组转换为浮点数

以从高位到低位的 4 字节十六进制数为例，编写程序实现寄存器数据读取和写入操作。

图 2-35 中"字节数组输入"中的数据为十六进制，需要将默认的数据输入由 DBL 换成整型后，才能从"显示格式"选项卡里选择"十六进制"类型。

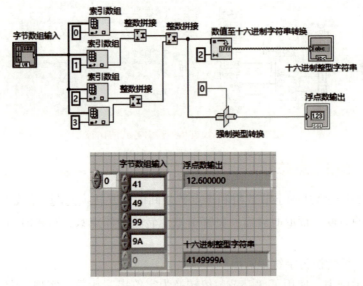

图 2-35　字节数组转换为浮点数

图 2-35 中的"强制类型转换"和"整数拼接"函数均位于"数学"→"数值"→"数据操作"函数选板。其中"整数拼接"函数如图 2-36 所示，可以实现基于字节或字长创建数字，函数中 hi 是字节的高位，lo 为字节的低位，属于数值 VI 和"函数"选板中的数据操作函数。

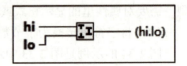

图 2-36　"整数拼接"函数

为了实现浮点数输出,"强制类型转换"函数将整型数据转换为浮点数。值得注意的是,由于默认是"隐藏无效零",示例运行显示结果是 12.6,在"显示格式"选项卡中去掉"隐藏无效零"前面的"√",才能输出想要的 8 位浮点数结果,如图 2-37 所示。

(4) 浮点数转换为字节数组

与上述的读取寄存器数据操作相反,在程序中用到"拆分数字"函数(如图 2-38 所示),可以实现基于字节或字长拆分数字,从而实现写寄存器数据的目的。其中,hi(x) 和 lo(x) 是长度为 x 一半的整数。hi(x) 和 lo(x) 是 8 位、16 位或 32 位的不带符号整数,或上述数据类型的数组或簇。hi(x) 是数值字节中的高位字节,lo(x) 是数字字节中的低位字节。

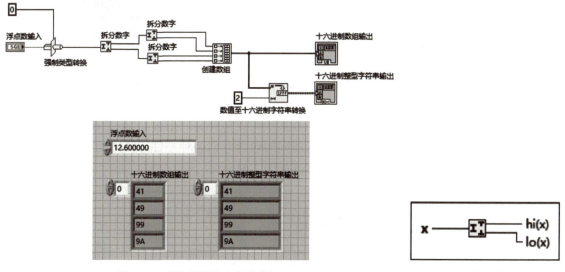

图 2-37　浮点数转换为字节数组　　　　　图 2-38　"拆分数字"函数

此外,为了进行数据对照,上述示例里添加了命名为"十六进制整型字符串"和"十六进制整型字符串输出"显示控件。

2.4.5　布尔数组与数值之间的转换

(1) 将布尔数组转换为数值显示

图 2-39 的示例中使用了"布尔数组转换为数值"函数。使用了两个布尔灯组合,单击"连续运行",可以看到有 4 种情况,显示出了 4 个数值。

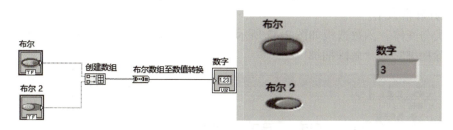

图 2-39　布尔数组转换为数值

(2) 将数值转换为布尔数组显示

图 2-40 的示例中,使用了"数值转换为布尔数组"函数。单击"连续运行",可以看到,随着数值的增大,布尔数组是跟着变化的。布尔灯亮为"1"、灭为"0",用二进制数表示。

图 2-40 数值转换为布尔数组

2.4.6 创建和使用簇

前面介绍的数组是同一类型数据的集合，若需要创建多种类型数据的集合，则需要使用 LabVIEW 中特有的数据类型——簇（Cluster），类似于 C 语言当中的结构体。

2.4.6 创建和使用簇

最常见的簇是 LabVIEW 中自带的错误簇。错误簇中包含布尔量、数值和字符串。在编程时使用错误簇，可以将所有子 VI 以及函数的错误按照数据流向的顺序先后连接起来，这样不仅可以将错误传递下去，而且能方便地找到对应的错误源，还可以控制程序的执行顺序。

虽然簇可以包含多种数据类型（比如，在簇中可以包含另一个簇），但是在同一个簇中只能包含输入控件和显示控件中的一种，不可能同时包含它们两种控件。簇的创建与数组类似，即将簇的外框拖放到前面板上。簇的创建方式如图 2-41 所示。

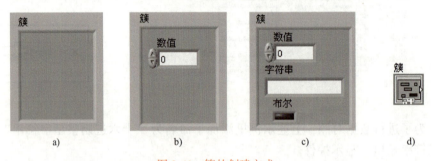

图 2-41 簇的创建方式
a）空簇 b）含有一个控件的簇 c）含有多个控件的簇 d）簇图标

在簇中添加所需的元素，可创建一个新的簇。在程序框图中的接线端如图 2-41d 所示。如果需要簇的外框大小和其包含的元素大小相匹配，在簇控件上用鼠标右键单击，从快捷菜单中选择"自适应大小"（size to fit），就可以得到调整后的簇的外貌，并且会根据新修改的元素分布自动修改其外框大小。

"簇、类与变体"函数选板如图 2-42 所示，最常用的 4 个选项是"按名称捆绑""捆绑""按名称解除捆绑"和"解除捆绑"。

图 2-42 "簇、类与变体"函数选板

当有大量的数据需要传递的时候，若数据类型一致，则推荐使用数组将数据整合在一起；若数据类型有多种，则推荐使用簇将各种数据捆绑在一起，然后再进行传递。

2.4.7 簇的编号与排序

在创建一个簇时，LabVIEW 会按照簇中元素创建的先后次序给簇中的元素进行默认编号。编号从 0 开始，依次为 1、2、…。当然，也可根据编程需要自定义元素的编号。在簇框架用鼠标右键单击弹出的菜单中，选择"重新排序簇中控件"，如图 2-43 所示，LabVIEW 的前面板会变为元素顺序编辑器，在编辑器中单击元素的编号，即可改变元素的编号，其余编号依次轮回。在编辑完所有编号后，单击工具栏上的"OK"按钮确定。

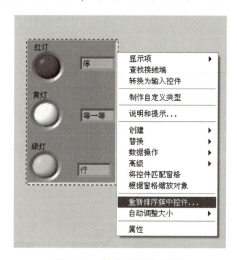

图 2-43 簇中控件的排序

2.4.8 簇与数组的相互转换

（1）将一个数组数据转换为簇数据

如图 2-44 给出了一个由 A~F 组成的字符串数组，用到"数组至簇转换"函数将目标数组转换为簇输出。

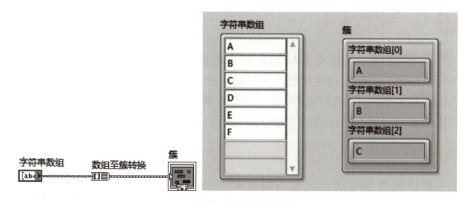

图 2-44 数组数据转换为簇数据

操作步骤如下。

1）运行 VI，将字符串数组的一部分转换至簇，默认是 3 个。

2)打开程序框图。右键单击"数组至簇转换"函数,从快捷菜单中选择"簇大小",更改为 6。

3)此时,由于"簇"显示控件没有包含 6 个元素,VI 将会断开。

4)删除"簇"显示控件。

5)在程序框图上,右键单击"数组至簇转换"函数的输出,从快捷菜单中选择"创建"→"显示控件",删除所有断线。

6)再次运行 VI,就能显示 A~F 的 6 个字母构成的簇。

(2)将一个簇数据转换为数组数据

图 2-45 给出了一个簇数据转换为数组数据的示例,使用了"簇至数组转换"函数,是数组转换为簇的逆过程。

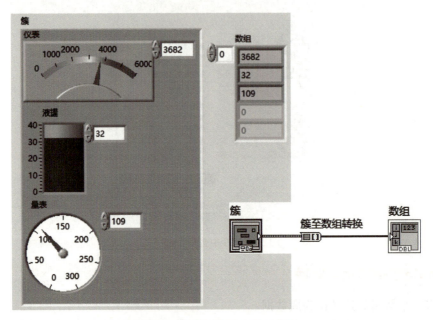

图 2-45 簇数据转换为数组数据

任务 2.5 图形数据操作

强大的数据图形化显示功能是 LabVIEW 最大的优点之一。利用图形与图表等形式来显示测试数据和分析结果,可以直观地反映被测试对象的变化趋势,从而使虚拟仪器的前面板变得更加形象。LabVIEW 提供了丰富的图形显示控件。编程人员通过使用简单的属性设置和编程技巧就可以根据需求定制不同功能的"显示屏幕"。

2.5.1 生成波形数据

波形是一种特殊类型的簇,元素的数量和类型固定,包括数据采集的起始时间 t0、时间间隔 dt、波形数据 y 和属性。选择"函数"→"信号处理"→"波形生成",显示"波形生成"函数选板,如图 2-46 所示。该选板上的函数较多,使用方法基本相似。这里主

2.5.1 生成波形数据

要介绍正弦波形、基本函数发生器和仿真信号。

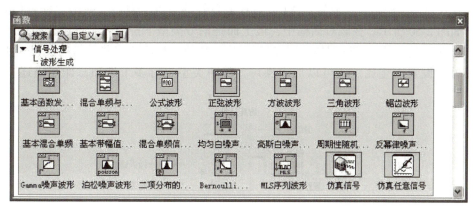

图 2-46 "波形生成"函数选板

1. 正弦波形

正弦波形生成 VI 用来生成正弦波信号,有多个输入端,可以进行正弦波的幅值、频率和相位等设置,如图 2-47 所示,其中的输入端依次如下。

- 偏移量:波形信号的直流偏移量,默认值为 0.0。
- 重置信号:值为 TRUE 时,相位可重置为相位控件的值,时间标识可重置为 0,默认值为 FALSE。
- 频率:波形的频率,单位为赫兹,默认值为 10。

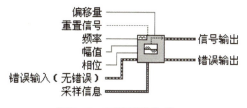

图 2-47 正弦波形生成 VI

- 幅值:波形的幅值,默认值为 1.0。
- 相位:波形的初始相位,以度为单位,默认值为 0。如重置信号为 FALSE,则 VI 忽略相位。
- 错误输入:表明节点运行前发生的错误。该输入将提供标准错误输入功能。
- 采样信息:包括 Fs(每秒采样率,默认值为 1000)和#s(波形的采样数,默认值为 1000)。
- 信号输出:生成的正弦波信号。
- 错误输出:包含错误信息,提供标准错误输出功能。

2. 基本函数发生器

基本函数发生器如图 2-48 所示,该函数能够根据信号类型创建输出波形。信号类型选项有 Sine Wave(正弦波)、Triangle Wave(三角波)、Square Wave(方波)和 Sawtooth Wave(锯齿波)。该函数还可以进行幅值、频率、相位、偏移量以及采样信息等的设置。

3. 仿真信号

仿真信号是一个 Express VI,该 VI 能仿真正弦波、

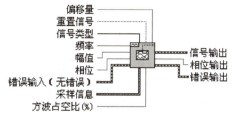

图 2-48 基本函数发生器

方波、三角波、锯齿波和噪声等信号。图标如图 2-49 所示。信号类型的选择及一些信息的配置，在交互式对话框中进行。放置该 VI 或者在放置好的节点上双击，弹出"配置仿真信号"对话框，如图 2-50 所示。在该对话框中，最上面是信号类型下拉列表，可以在此选择信号类型（比如选择正弦信号），下面是对信号进行频率、幅值、相位和偏移量等的设置，如果是方波信号还可以设置占空比。还可以加入噪声，噪声类型也有多个选项，详细描述参见帮助文件。

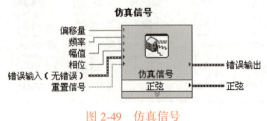

图 2-49　仿真信号

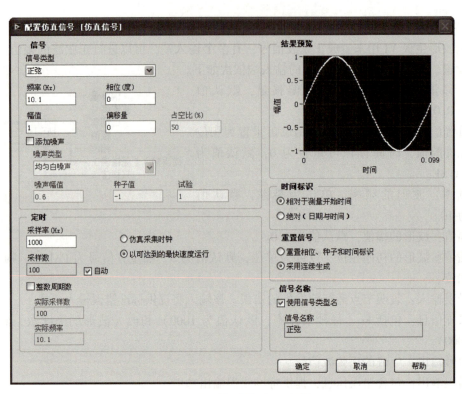

图 2-50　"配置仿真信号"对话框

2.5.2　分析处理波形数据

选择"函数"→"编程"→"波形"，出现"波形"函数选板，如图 2-51 所示。其中包含了分解波形数据、组成波形数据的函数以及波形分析和波形文件保存等。

2.5.2　分析处理波形数据

在"信号处理"函数选板中，除了波形生成外，还有一些与波形分析处理有关的函数，如图 2-52 所示。图 2-52 中的每个选项展开后都包含了多个函数，这些函数以后用到再详细介绍，这里简单介绍一下"信号生成"选板。

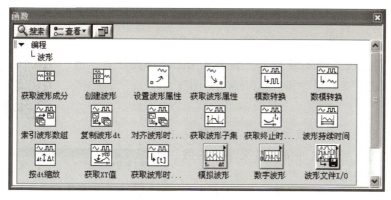

图 2-51 "波形"函数选板

在图 2-52 中的"信号处理"函数选板中,各个函数的功能与"波形生成"函数的功能相似,生成的信号类型也类似。它们的主要区别是"波形生成"函数选板包含了信号的时间信息,波形是时间的函数;而"信号生成"函数选板则不包括,如图 2-53 所示。"波形生成"函数选板中各模块参数设置更为灵活,功能更强大,其中的许多模块是在"信号生成"函数选板的基础上进一步开发的。

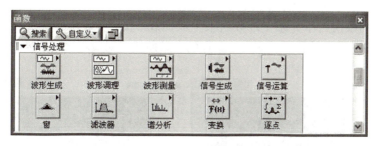

图 2-52 "信号处理"函数选板

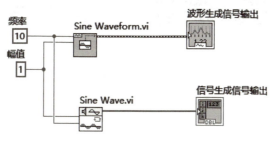

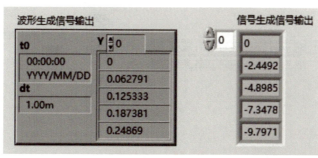

图 2-53 "波形生成"与"信号生成"的比较

2.5.3 显示波形数据

"图形"控件选板如图 2-54 所示。其中常用的波形控件有"波形图表""波形图""XY 图"和"Express XY 图"。

1. 波形图表

波形图表主要用来显示波形数据，如最常见的正弦波、方波等。所有从外部硬件采集到的数据都可以用波形图表来显示。

"波形图表"是一个图形控件，使用"波形图表"可以将新获取的数据添加到原图形中去，"波形图表"的坐标可以是线性或是对数分布的，其横坐标表示数据序号，纵坐标表示数据值。在"波形图表"控件的右键快捷菜单中，有着丰富的内容，其显示项包含图表标签、标尺和辅助组件等。

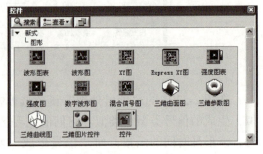

图 2-54 "图形"控件选板

在一个波形图表中可以显示多条曲线。在波形图表中二维数组默认情况下会被转置，即把生成数组的每一列数据当作一条一维数组来生成曲线。图 2-55a 所示的 2 行 6 列数组默认为 2 个点的 6 条曲线；数组转置后，变成 6 个点的 2 条曲线。对应程序框图如图 2-55b 所示。

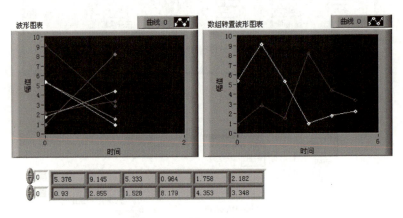

a)

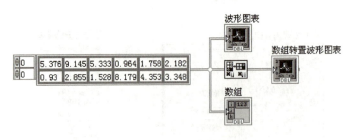

b)

图 2-55 波形图表
a)"波形图表"前面板 b)"波形图表"程序框图

曲线上加点的方法是：用鼠标右键单击波形图表，从快捷菜单中选择"属性"，在打开的"属性"对话框上选择"曲线"，打开图 2-56 所示的界面，可以对曲线 0、曲线 1、…进行加点、填充和修改颜色等属性设置。

波形图表的曲线可以进行分格显示，如图 2-57 所示。拖拽右上角的图例，出现"曲线 0""曲线 1"。在曲线显示区单击右键，从快捷菜单中选择"分格显示"，两条曲线就分别显示在两个窗口中。图例每个曲线波形的 Y 标尺幅度可以单独进行设置，使不同大小的曲线都能清晰地在波形图表中显示。

图 2-56 "曲线"属性设置

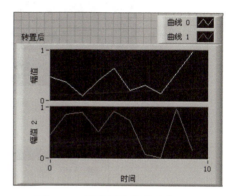

图 2-57 波形图表曲线分格显示

如果要在一个波形图表中绘制多条曲线，需要用捆绑函数将两个数据捆绑成一个簇，然后连接到波形图表中。

2. 波形图

尽管波形图和波形图表在外观及很多附件功能上相似，但对比波形图表，波形图不能输入标量数据，也不具备数字显示和历史数据查看功能；输入二维数组时，默认为不转置。

波形图在显示时先清空历史数据，然后将传递给它的数据一次绘制成曲线显示出来。在自动刻度下，它的横坐标初始值恒为 0，终值等于数据量；在固定刻度下，横坐标在程序运行时保持固定，用户可以根据要求设置横坐标的初始值和终值。波形图表在已有采集数据的基础上不断更新显示输入数据，适用于实时检测数据波形。而波形图属于事后记录波形数据的图表，适用于事后数据的分析。此外，波形图控件的游标图例功能可以在波形记录后方便地查询曲线上任意曲线点的坐标值或采样点值。和波形图表一样，波形图的输入数据可以是一维数组、二维数组和波形数据。不同的是波形图不能输入标量数据，但可以输入由 3 个元素组成的簇数组。

（1）数组和簇的波形图显示

程序框图如图 2-58a 所示，当输入数据为一维数组时，波形图直接根据输入的一维数组数据绘制一条曲线，如图 2-58b 所示。还可以为波形图的横坐标添加时间，方法是在波形图上单击右键，在弹出的快捷菜单上选择"属性"，打开属性对话框，选择"显示格式"选项，如图 2-58c 所示，时间（X 轴）类型选择"绝对时间"，时间格式选择"24 小时制"，日期格式选择"系统日期格式"。

送入"波形图2"中的数据是"簇",它包含了 $t0=10$、$\Delta t=2$,以及 y(一维数组)的信息。把这3个信息按照顺序捆绑起来即可,波形显示如图2-58b所示。比较两个波形图的显示,各点的取值 y 相同,计时起点和步长不同。

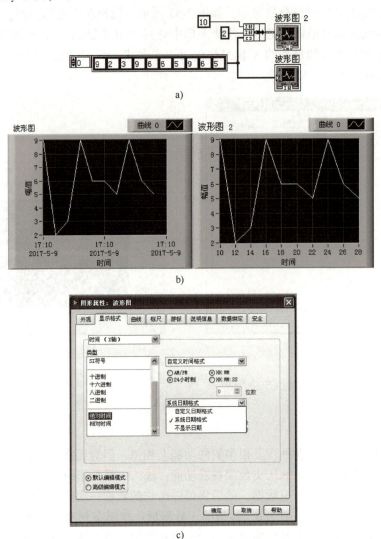

图2-58 波形图显示
a)程序框图 b)前面板 c)X轴日期时间设置

(2)波形生成的显示

把"基本函数发生器"生成的波形数据用波形图显示,程序如图2-59所示。图2-59a为程序框图,在基本函数发生器的信号类型、频率、幅值、相位、采样信息和占空比等端口上单击右键,创建输入控件,前面板就会放置相应的输入控件,如图2-59b所示。在前面板的"信号类型"控件上单击,选择Triangle Wave(三角波),频率默认为10.0Hz,修改为2Hz,其他选项不变。运行程序,显示效果见图2-59b。选择不同类型的信号或修改频率、相位和幅值等信息,波形显示会发生相应变化;选择Square Wave(方波)时还可以修改占空比。

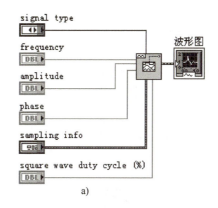

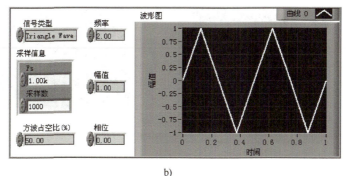

图 2-59 波形图显示基本函数波形
a）显示基本函数波形程序框图 b）显示基本函数波形前面板

（3）二维曲线的波形图显示

对于一条波形曲线，可以用起始时刻 t0、间隔 dt 及包含 N 个点的采样数据 y 组成的簇（对应于 C 语言的结构体）类型来表示，因此使用波形图控件显示曲线时，只要包括了这 3 个要素就可以完整表示其信息。

在一个波形图控件上显示多条曲线时，主要包括以下两种情况。

- 每条曲线的横坐标信息完全相同，即起始时刻 t0、采样间隔 dt 及数据点数 N 相同。
- 每条曲线有自己单独的横坐标信息，即每条曲线的起始时刻 t0、采样间隔 dt 及数据点数 N 可能不相同。

使用"波形图"控件显示多条曲线时，通常是先将每条曲线使用"捆绑"函数将各自的 t0、dt、y 组成簇，然后将这些簇使用"创建数组"函数组成一个簇的数组，最后将数组连接到"波形图"控件上，如图 2-60 所示。

程序中，在 for 循环中产生了 200 个点（两个周期）的正弦数据数组 y1 和余弦数据数组 y2，将这两组数据分别在"波形图"和"波形图 2"中进行显示。

1）"波形图"显示两条曲线，其中 t0=0，dt=1。

使用"创建数组"函数将正、余弦数组 y1、y2 组成了一个二维数组，每一行代表了一条曲线，然后连接到控件上，此时，起始时刻 t0 和时间间隔 dt 仍然使用默认值，即 t0=0，dt=1。

2）"波形图 2"显示两条曲线，其中正弦曲线 t0=0，dt=2，余弦曲线 t0=0，dt=3。

先使用"捆绑"函数分别将两条曲线的 t0、dt 和数组 y 捆绑成簇（注意：两个都要捆绑，形成两个簇），这种方式是使用波形图控件显示二维曲线的标准方式，其原则是将波形的三要

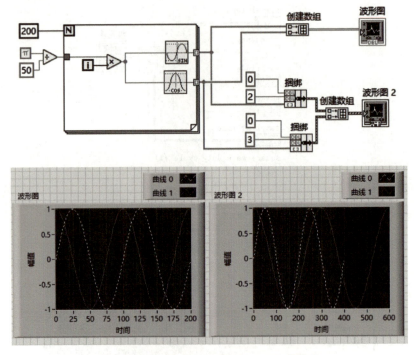

图 2-60 使用"波形图"控件显示多条曲线

素 t0、dt、y 组成一个簇,将这个簇直接连接到"波形图"控件上。

3. XY 图

在显示均匀波形数据时通常使用波形图,其横轴默认为采样点序号,Y 轴默认为测量数值,这是一种理想情况。但在大多数情况下,绘制非均匀采样数据或封闭曲线图时无法使用波形图。因此,当数据以不规则的时间间隔出现或要根据两个相互依赖的变量(如 Y/X)绘制曲线时,就需要使用 XY 图,即笛卡儿图。它可以绘制多值函数曲线,如圆、双曲线等。XY 图也是波形图的一种,它需要同时输入 X 轴和 Y 轴的数据,X、Y 之间相互联系,不要求 X 坐标等间距,且通过编程能方便地绘制任意曲线。与波形图类似,XY 图也是一次性完成波形的显示刷新。

当 X 数组、Y 数组的长度不一致时,在 XY 图中将以长度较短的数据组为参考,而长度较长的数据组多出来的数据将在图中无法显示。在使用 XY 图来绘制曲线时,需要注意数据类型的转换。

例如,要画一个心形图案,给出 X 数据和 Y 数据,分别是 20 个元素的一维数组,把两个一维数组捆绑后,送到 XY 图显示,如图 2-61 所示。设置曲线显示宽度,并加点,就可以看到,用 20 个点绘制的一条心形曲线。

XY 图的数据类型是簇,与波形图、波形图表一样,可以利用创建数组函数来显示多条曲线。另外,XY 图也可以动态设置显示数据的长度,相较于波形图表的使用更加灵活方便。

在"图形"控件子选板中,还有"强度图"和"强度图表"控件,有兴趣的读者,可扫码观看视频学习。

2.5.3 显示波形数据—强度图刻度和刻度颜色(拓展)

2.5.3 显示波形数据—强度图和强度图表(拓展)

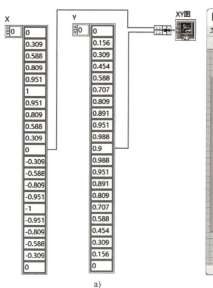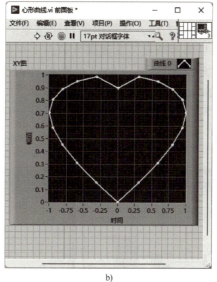

图 2-61 用 XY 图显示心形曲线
a) 程序框图 b) XY 图显示

2.5.4 图形数据操作

1. 读取显示二维图片

"二维图片"控件位置在"控件"→"图形"→"控件",如图 2-62 所示。与二维图片相关的函数位于"编程"→"图形与声音"函数选板,如图 2-63 所示。其中的"图片函数"和"图形格式"中,包含了大量与图片相关的函数。下面用一个例子来说明这些函数的使用方法。

2.5.4 图形数据操作—读取显示二维图片

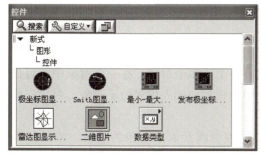 

图 2-62 "控件"选板   图 2-63 "图形与声音"函数选板

1) 事先做好一个 BMP 格式的图片,可以命名为"二维图片.BMP"。在前面板放置一个"二维图片"控件,并拖拽,再放置一个"文件路径输入"控件(位置在"控件"→"新式"→"字符串与路径"),并修改为"BMP 文件路径"。在程序框图窗口编写程序,如图 2-64a 所示。图中的"读取 BMP 文件"在"图形格式"选板中;"绘制平化像素图"在

"图片函数"选板中。

2)在"二维图片"上单击右键,从弹出的快捷菜单中选择"创建"→"属性节点"→"可见",用来创建一个可见属性节点。在该属性节点上单击右键,在弹出的快捷菜单中选择"全部转为写入"。在前面板上放置一个"水平摇杆开关",把开关连接到属性节点的"Visible"输入端(见图2-64a)。前面板如图2-64b所示,用路径控件找到"二维图片.BMP"所在位置,单击"连续运行"按钮,运行程序。运行时,开关拨向左侧,图片不可见;拨到右侧,图片可见。

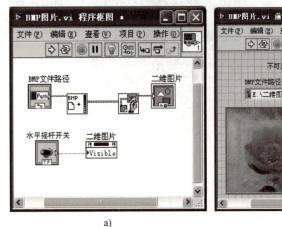 

a)   b)

图 2-64 二维图片显示
a)程序框图 b)前面板

2. 绘制三维图

"三维图片"控件在"控件"→"新式"→"图形"选板。三维图片相关函数位于"函数"→"图形与声音"→"三维图片控件",如图2-65所示。

2.5.4 图形数据操作—绘制三维图

- "几何"选板中函数用于绘制基本形状,如锥面、柱面、长方体和网格等。
- "对象"选板中函数集包含了创建、查找对象两个函数。对于一个三维场景来说,对象是一个最基本的元素。一个三维场景中可以有一个或多个对象;在一个对象中,可以放置一些基本的形状,也能导入三维建模文件中的模型和插入更多的子对象。对"三维图片"控件的编程,实质就是对对象的编程。
- "变形"控制三维场景中对象变形的函数。如控制或获取某对象的旋转、缩放和平移等,此选板有9个函数。
- "助手"是用户设置三维场景时的常见操作,如设置光源、设置某对象的表面图像等。
- "加载文件"用于在三维场景中加载来自第三方文件的几何模型,有加载ASE几何、加载STL几何和加载VRML文件。

【例2-1】绘制一个圆锥三维图,并且让该图按照要求旋转。

1)在"几何"中选择"创建锥面",放置在程序框图窗口,并在该函数的每个输入端口创建输入控件,如图2-66a所示。

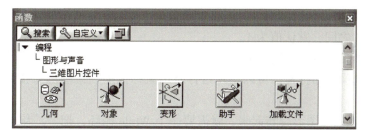

图 2-65 三维图片控件

2) 在"对象"中选择"创建对象",放置在程序框图窗口,在"名称"端口创建常量,命名为"圆锥"。

3) 放置一个调用节点,位置在"编程"→"应用程序控制"→"调用节点",该节点的"引用"端口连接到"创建对象"的"场景:新对象"端口上。在节点的"方法"上单击右键,在弹出的快捷菜单上选择"设置可绘制对象",如图 2-66b 所示。"创建锥面"函数的"新锥形引用句柄"作为调用节点"Drawable(可绘制对象)"端的输入信号。此时,在前面板放置一个"三维图片"控件就可以显示该三维图了。

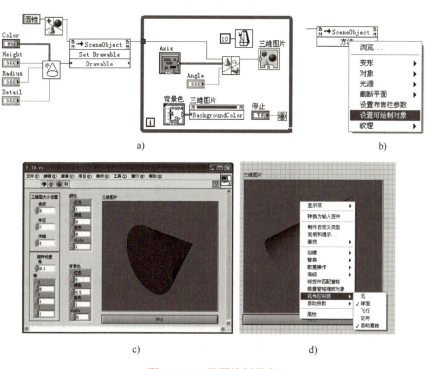

图 2-66 三维图绘制程序
a) 程序框图　b) 设置可绘制对象　c) 前面板　d) 视角控制器设置

4) 在"三维图片"上用鼠标右键单击,创建属性节点,选择"背景色",并在该节点的背景色输入端创建一个输入控件,就可以对背景进行颜色设置了。

5) 前面板如图 2-66c 所示。"颜色"控件中是三原色红、绿、蓝以及 Alpha(用于指定 RGB 颜色的不透明度),用来设置三维图的颜色,取值在 0~1 之间;"背景色"控件用来设置背景的颜色;"高度"控件用来设定圆锥对象垂直轴的长度、"半径"控件用来设定对象的半径、"详细"控件用来设置绘制对象时至高点的数量。"详细"值越高,几何对象的近似度就越大,取值在 0~1 之间,默认值为 1。

在前面板的"三维图片"控件上单击右键,在快捷菜单中"视角控制器"中的"球面"和"自动重绘"选项前面打勾,可以实现运行时用鼠标拖动三维图形来按照固定点旋转,如图 2-66d 所示。

6)如果希望该三维图形旋转起来,就需要一个 While 循环,把"三维图片"置于循环体内,用函数"旋转对象"来实现旋转功能,在该函数的两个输入端创建输入控件,用来设置旋转轴和旋转角度。把该函数的"场景.对象输出"引用端口连接到"三维图片"的输入端,即完成程序设计。

【例 2-2】绘制三维饼图,并按照要求进行显示。

三维饼图具有立体感,视觉表达效果佳,在数据统计和显示中常常用到。

1)"三维饼图"位于"控件"→"新式"→"图形"→"三维图形"→"饼图"。

2)此时前面板会生成三维饼图控件,如图 2-67 所示,程序框图会生成 Plot Helper.vi(该函数为多态类型)。

3)三维饼图绘图函数,如图 2-68 所示。

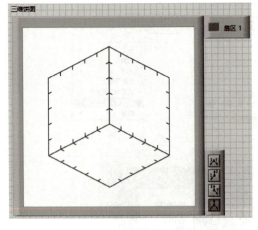

图 2-67 "三维饼图"控件

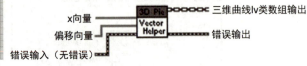

图 2-68 三维饼图绘图函数

- x 向量:是指定要绘制的饼图大小或百分比的一维数组,LabVIEW 可忽略 x 向量中的非正元素。
- 偏移向量:指定偏移饼图中心的偏移量,偏移向量的长度必须等于 x 向量的长度。
- 错误输入(无错误):表明节点运行前发生的错误,该输入将提供标准错误输入功能。
- 三维曲线 lv 类数组输出:是三维曲线图。
- 错误输出:包含错误信息,该输出将提供标准错误输出功能。

饼图也支持矩阵输入。

4)绘制四等分三维饼图,如图 2-69 所示。

5)绘制四等分三维分离饼图。示例给出了一种偏移量情况下的分离饼图,可以试试不同偏移量,观察对应的显示结果,如图 2-70 所示。

6)通过显示项投影选板可以切换视图方向,如图 2-71 选择 XY 可以转换成四等分二维分离饼图。

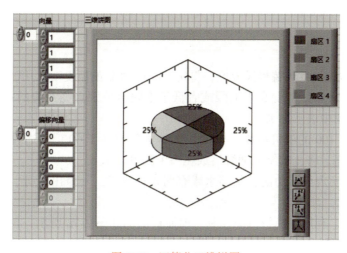

图 2-69　四等分三维饼图

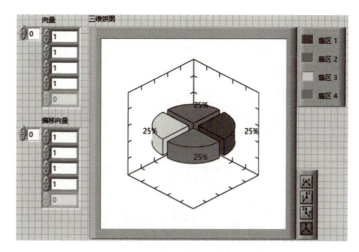

图 2-70　四等分三维分离饼图

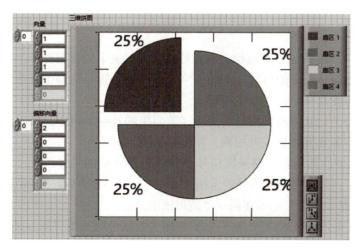

图 2-71　四等分二维分离饼图

2.6 思考题

1. 用 0~100 的随机数代替摄氏温度，将每 500 ms 采集的温度变化用波形表示出来，并设定上限为 85，下限为 45，温度高于上限或者低于下限时分别点亮对应的指示灯，并将其上、下限也一并在波形图中表示出来。

2. 生成一个 0~100 的随机整数，与 60 比较，大于或等于 60 记为通过，绿灯亮；小于 60 记为不及格，红灯亮。将比较结果捆绑后放在一个簇里显示。

3. 请编写程序实现如下功能：某储水罐有两条进水管，一条出水管，当储水罐的水高于 16 时发出警报。

4. 试编写程序，利用簇模拟汽车控制。前面板示例如图 2-72 所示，控制面板可以对显示面板中的参量进行控制。油门控制转速，转速 = 油门×100，档位控制时速，时速 = 档位×40，油量随 VI 运行时间减少。

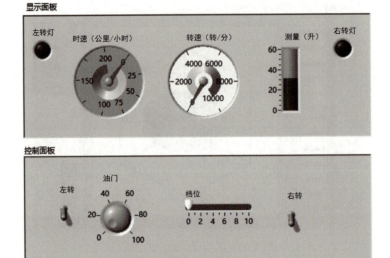

图 2-72 题 4 图

5. 创建一个 1 行 10 列的一维数组，利用数组函数完成下列数组操作。
1）试着将该数组从指定的位置（如第 4 个元素）开始拆分为两个子数组。
2）将该数组各元素从小到大排序后输出。
3）从原数组各个元素中找到指定的元素（数组中的某一个指定元素）。
4）将原数组中各元素相加或者相乘，并输出结果。

6. 利用随机数发生器仿真两路采样信号。一路是 0~5 V 的采样信号，每 200 ms 采集一个点，共采集 50 个点；另一路电压信号的范围为 5~10 V，采样间隔是 50 ms，共采集 100 个点。采样完成后，将两路采样信号显示在同一个波形图中。

7. 某次测试采集到一组数据[2,3,5]，要求用该数据绘制三维饼图，其中第一列数据用绿色并分离显示。

项目 3　应用结构设计程序

同其他的文本语言一样，LabVIEW 中也有各种结构。LabVIEW 中的结构主要有 While 循环、For 循环、顺序结构和条件结构和事件结构等。

项目目标

知识目标
1. 了解 LabVIEW 的结构。
2. 熟练掌握应用 For 循环和 While 循环编写程序的方法。
3. 熟练掌握应用条件结构编写简单程序，以及综合应用条件结构和 While 循环编写程序。
4. 掌握应用顺序结构编写简单程序的方法。
5. 熟练掌握应用事件结构编写程序的方法。
6. 掌握综合应用事件结构、顺序结构和 While 循环编写程序。

能力目标
1. 会应用 For 循环和 While 循环编写程序。
2. 会使用 For 循环和 While 循环的移位寄存器功能。
3. 会应用顺序结构、事件结构编写程序。
4. 会综合应用事件结构、顺序结构和 While 循环编写程序。
5. 会进行程序调试运行，以及错误处理等。

素养目标
1. 具有良好的编程习惯，程序框图设计整齐美观，前面板设计美观、操作方便。
2. 具有良好的工程意识，程序命名规范、各控件命名规范。
3. 具有良好的实验习惯，操作规范。
4. 具有良好的自我学习能力，具有勇于创新、敬业乐业的工作作风。

选择"函数"→"编程"→"结构"，打开"结构"函数选板，如图 3-1 所示。

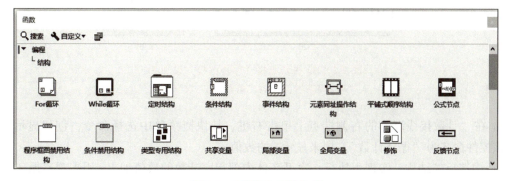

图 3-1　"结构"函数选板

任务 3.1 应用 For 循环设计 VI

任务 3.1 应用 For 循环设计 VI

3.1.1 设计循环计数器

1. For 循环结构

在"结构"函数选板中找到 For 循环，单击，移动光标到程序框图上，找到合适位置，单击定位框体的左上角，然后移动光标。此时可以看到随光标移动而变化的矩形虚线框。释放鼠标左键，就出现一个 For 循环结构，如图 3-2 所示。

For 循环由循环框架、总数接线端和计数接线端 3 部分组成。当将光标移动到循环框架时，会出现一个显示框，显示"For 循环"字样。当将光标移动到总数接线端 N 位置时，会显示"循环总数"，在这里输入要循环的次数。

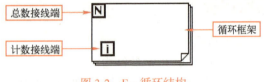

图 3-2 For 循环结构

循环次数为正整数，因此 N 为蓝色。默认情况下它确立了 For 循环执行的次数，一旦开始执行后，只有达到输入的循环次数才能终止其运行。也可以给 N 输入 0 值，此时不会执行该循环中的内容。当将光标移动到计数接线端 i 位置时，会显示"循环计数"，表示它是一个循环计数器 i。计数由 0 开始，第一次循环结束 i 计数为 0，之后依次加 1，一直记到 i=N-1。

2. 设计循环计数器

要求：应用 For 循环设计循环计数器。设置"循环总数"为 5，观察"循环计数"的输出，并记录循环次数。

步骤：

1）新建一个 VI，在程序框图窗口放置一个 For 循环。在"总数接线端"的左端单击右键，从快捷菜单中选择命令，创建常量，把该控件命名为"循环次数"，并将"循环次数"设为 5，如图 3-3 所示。

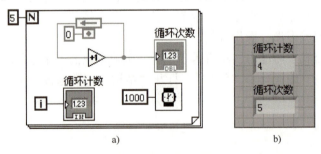

图 3-3 For 循环与将"循环次数"设为 5
a) For 循环　b) 将"循环次数"设为 5

2）在"计数接线端"的右侧端点上单击右键，从快捷菜单中选择命令，创建显示控件，并把该控件命名为"循环计数"，用来显示 i 的数值。

3）构造反馈结构，实现每执行一次循环体内部程序计数的数值加 1，用来观察循环次数。

① 在"数值"函数选板中找到"加 1"函数，放置在循环框架内。从"加 1"函数输出端

向输入端连线,形成反馈结构,这时会自动出现反馈节点。反馈节点由两部分组成,分别为初始化端口■和反馈节点箭头■,该箭头可以向左或向右,与它连线上数据的实际方向一致。

② 对初始化端口,可以在循环体内输入初始化数据,也可以移动到框架的边缘,从循环体外部输入初始化数据。这里采用前者,将初始数据设为 0。如果不进行初始化,程序就会以上次运行 VI 时的最终值为初始值。

③ 在"加 1"节点的输出端单击右键,从快捷菜单中选择命令,创建显示控件并命名为"循环次数"。

4)为了观察清楚,在循环体内放置一个"等待"节点,使得 For 循环每运行一次就等待 1 s。该节点位于"函数"→"编程"→"定时"函数选板内,功能是等待指定的毫秒数,因此设为 1000(ms),即等待 1 s。

5)保存 VI,切换到前面板,然后运行 VI,观察两个数值控件数据的变化情况。可以看到显示控件的数据每秒加 1,"循环计数"从 0 递增到 4、"循环次数"从 1 增加到 5。

从运行结果可以看出,For 循环的循环次数由循环总数 N 决定;循环计数器从 0 开始计数,计到 N-1 时 For 循环停止。

3.1.2 利用 For 循环创建二维数组

1. For 循环中的自动索引

自动索引的功能是使循环框外面的数组成员逐个进入循环框内,或使循环框内的数据累加成一个数组输出到循环框外面。For 循环的索引可通过右击循环框的数据通道来启动和关闭,For 循环默认开启自动索引功能。例如,在循环框外创建一个一维常量数组,如图 3-4a 所示。把它连线到 For 循环框,边框上出现空心小方框,即自动索引隧道,将光标移动到这里就会出现"自动索引隧道"字样。在循环框里放置数值显示控件"循环框内数值",观察发现,连线在框外为粗线,框内变成细线,说明框内数据为标量。此时运行,数据 1、2、3、4 依次被读入框内。

在这个 For 循环里,N 上没有连接数据依然没有报错,这是因为该常量数组的数据依次被取出,数组有几个数据,For 循环就运行几次。在这种情况下,可以不设循环总数。

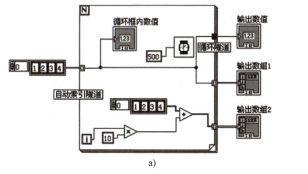
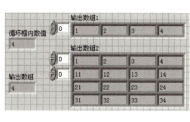

图 3-4 For 循环中的自动索引功能
a) 在循环框外创建一个一维常量数组 b) 运行结果

把从外部得到的数据通过两路送到循环框外,第一路在空心小方框处用单击右键,在弹出的快捷菜单中选择"禁用索引",小方框变成实心。将光标移动到此处显示"循环隧道",表示索引功能关闭。禁用自动索引后，框内、外数据类型相同。再把一个一维常量数组放在循环框内，输出到框外，变成二维数组，运行结果如图 3-4b 所示。

可见启用自动索引后，循环框内的标量数据在循环框外变成一维数组；循环框内的一维数组在循环框外就变成二维数组，因此通过自动索引可改变数组维度。

2. 创建二维数组

要求：利用两个嵌套的 For 循环，创建一个 4 行 5 列的二维数组，数组如下。

$$\begin{matrix} 1 & 2 & 3 & 4 & 5 \\ 11 & 12 & 13 & 14 & 15 \\ 21 & 22 & 23 & 24 & 25 \\ 31 & 32 & 33 & 34 & 35 \end{matrix}$$

步骤：

1）新建一个 VI，在程序框图窗口工作区放置两个嵌套的 For 循环，如图 3-5a 所示，把循环总数内层设为 5，外层设为 4。

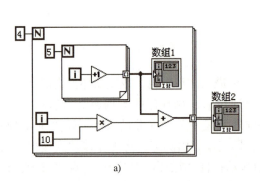
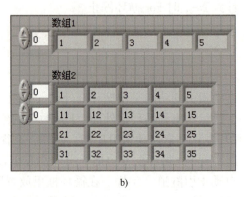

图 3-5 利用 For 循环创建二维数组
a）放置两个嵌套的 For 循环 b）运行结果

2）把内层计数接线端的输出加 1 后，连接到循环体的边框上，在循环隧道上单击鼠标右键创建显示控件"数组 1"，用来显示生成的一维数组。

3）把外层循环的计数接线端乘 10 后，与内层输出的一维数组相加，送到循环体外，并创建一个显示控件"数组 2"，用来显示二维数组。

4）保存 VI，命名为"创建二维数组"。

5）运行该 VI，观察结果，如图 3-5b 所示。图 3-5a 所示为程序框图，图 3-5b 所示为前面板。从运行结果看到，有"数组 1"和"数组 2"两个数组，其中，"数组 1"是一维数组；"数组 2"是二维数组，有 4 行、5 列。可见，外层循环总数为数组行数，内层循环总数为数组列数。

3.1.3 移位寄存器的使用

移位寄存器是 LabVIEW 循环结构中的一个附加对象，其功能是将当前循环完成后得到的某个数据传递给下一个循环。

在 For 循环的左边框或右边框上单击右键，选择快捷菜单中的"添加移位寄存器"。此时左、右边框各出现一个黑色移位寄存器端

3.1.3 移位寄存器的使用

口，如图 3-6a 所示。右边端口存储当次循环结束时的数据，下次循环开始时，该数据传递给左边端口。

一般来说，移位寄存器可以存储任何类型的数据，但是连接在同一个寄存器两个端口上的数据必须是同一类型的。将图 3-6a 中右侧端口与 For 循环的计数端相连，如图 3-6b 所示，左右两个寄存器端口即变为蓝色，表示存储整型数据。

在使用移位寄存器之前，可对寄存器进行初始化，即在左侧寄存器端口连接一个常量作为初始值。如果不进行初始化，首次运行时就会把"0"作为初始值；非首次运行，则把上次运行的数据作为初始值。

为了存储多次循环的数据，可以在寄存器的左端添加端口。方法是在端口上单击右键，从快捷菜单中选择"添加元素"或"删除元素"来改变移位寄存器的位数，如图 3-6c 所示。

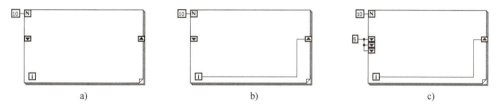

图 3-6 For 循环中的移位寄存器
a) 添加移位寄存器 b) 寄存器赋值 c) 初始化与添加端口

移位寄存器用来将本次循环的数据存储下来以备下一次循环使用。在下一次循环使用以后，其中的数据被新的数据所覆盖。把初始化数据设为 5，在每个端口添加一个显示控件，并放置一个探针，程序框图如图 3-7a 所示。运行 VI 时，右端口数据送入左侧的第 1 个端口，左侧数据按照三角箭头的方向传递，1 号端口数据送入 2 号端口，依次下传。

第 0 次运行 i=0，"0"被送给右侧端口，左侧 3 个端口被赋值"5"，运行结果为"0，5，5，5"；

第 1 次运行结果为"1，0，5，5"；

第 2 次运行结果为"2，1，0，5"，第 3 次运行结果为"3，2，1，0"……第 9 次运行结果如图 3-7b 所示。

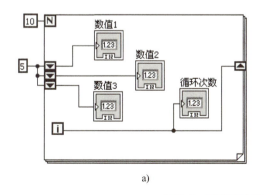 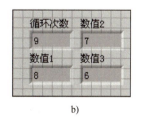

图 3-7 移位寄存器
a) 程序框图 b) 第 9 次运行结果

任务 3.2 应用 While 循环设计 VI

3.2.1 设计复数运算 VI

1. While 循环结构

While 循环也在"函数"选板的"结构"子选板中，放置方法与 For 循环相同，功能结构也与 For 循环类似。While 循环由循环框架、循环计数端 Ⓘ、条件端 Ⓞ 3 个部分组成，如图 3-8 所示。While 循环无固定的运行次数，当满足停止条件时，循环停止。循环计数端 i 由 0 开始计数，也就是说第一次循环结束，i 计数为 0，之后依次累加 1。条件端需要输入一个布尔量，否则程序无法运行。默认状态 Ⓞ 是指当条件输入为真（True）时，循环停止。单击条件端，它会变为 Ⓖ，此时条件输入为假（False）时，循环停止。

图 3-8 While 循环组成

2. 设计复数运算 VI

要求：设计 VI 实现复数运算代数式与指数式的互相转换。

该任务中要用到"复数"和"数学与科学常量"两个函数选板。这两个选板都在"数值"函数选板中，分别如图 3-9 和图 3-10 所示。

步骤：

1) 新建一个 VI，在程序框图上放置一个 While 循环，在条件端创建一个输入控件，用来停止该循环，程序框图如图 3-11a 所示。

2) 实现把复数的极坐标式转换成代数式。

① 首先在 While 循环内放置"极坐标至复数转换"函数，该函数第 1 个输入端为"模"，在该端口上创建输入控件，把默认标签"r"修改成"模"。

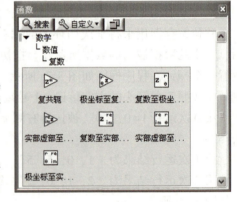

图 3-9 "复数"函数选板

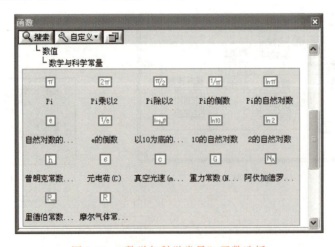

图 3-10 "数学与科学常量"函数选板

② "极坐标至复数转换"函数的第2个输入端为"辐角",要求输入量为"弧度"单位。一般辐角单位是"角度",因此要先把角度乘以π、除以180,转化成弧度,再送到该输入端。

③ 在"极坐标至复数转换"函数输出端创建一个显示控件,命名为"复数代数式",并在该控件属性里将"精度位数"设置为小数点后两位。完成的程序为图3-11a中虚线上的程序代码。

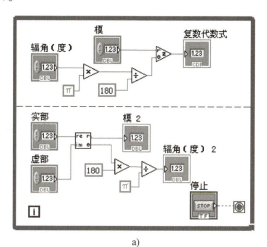

a)   b)

图 3-11 复数运算 VI
a) 程序框图   b) 运行结果

3) 实现把复数的代数式转换成极坐标式,如图3-11a中虚线下面的程序。

① 首先放置"实部虚部至复数转换"函数,该函数第1个输入端为"实部",第2个输入端为"虚部"。

② 该函数的第1个输出端为"模",第2个输出端为"辐角",单位是弧度,把它变成角度再输出。在每个数值显示控件的属性中,把数值显示控件的"精度位数"设置为小数点后两位。

4) 运行该 VI。

① 在模和辐角输入控件中分别输入5和36.87,代数式输出为4+3i,如图3-11b所示。

② 在实部和虚部输入控件中分别输入4和3,得到的模是5,辐角是36.87,如图3-11b所示。

3.2.2 设计温度转换与报警 VI

要求:将温度测量输入为摄氏温度,调用在"任务1.3 创建 VI"中创建的"Convert C to F.vi",把摄氏温度转换成华氏温度。当温度超过华氏200℃时,点亮指示灯,并停止运行 VI。

步骤:

1) 新建一个 VI,命名为"温度转换与报警.vi"。

2) 编辑前面板。

① 在前面板"控件"选板"新式"→"数值"中找到"垂直指针滑动杆",拖放到前面

板上,在滑动杆上单击右键,在弹出的快捷菜单中选择"显示项"→"数字显示",如图3-12所示。把滑动杆的标签修改为"摄氏温度℃",刻度范围修改为-50~150。

② 用同样方法拖放一个温度计,标签修改为"华氏温度℉",范围修改为-100~300,并勾选"数字显示"。

③ 在"控件"选板的"新式"→"布尔"中找到"圆形指示灯",拖放到前面板上,将标签修改为"高温报警"。

编辑好的温度转换与报警前面板如图3-13所示。

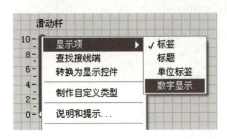

图3-12 选择"显示项"→"数字显示"

图3-13 温度转换与报警前面板

3)编辑程序框图。

① 根据要求,可选择While循环放置在程序框图中,把前面板的3个控件对应的接线端放置在While循环内。

② 打开"函数"选板,选择"选择VI",如图3-14a所示,弹出图3-14b所示的"选择需打开的VI"对话框,选择其中的"Convert C to F.vi",单击"确定"按钮。这时在程序框图上就会出现Convert C to F.vi的图标,此时,Convert C to F.vi作为该程序的子VI被调用。这个子VI的图标有一个输入端和一个输出端,分别是"摄氏温度℃"和"华氏温度℉",把它们与对应的接线端连接起来。

a)

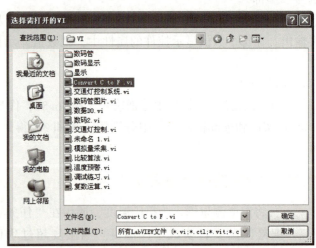

b)

图3-14 选择VI

a)"函数"选板 b)"选择需打开的VI"对话框

③ 把"函数"选板"编程"→"比较函数"中的"大于或等于"函数拖放在 While 循环内，第一个输入端连接"华氏温度°F"，在第二个端口上单击右键，创建常量，将数值修改为 200，输出端连接到"高温报警"和 While 循环的条件停止端口上。温度转换报警程序框图如图 3-15 所示。

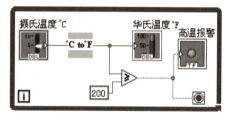

图 3-15 温度转换报警程序框图

4）运行 VI，在前面板用鼠标拖动滑动杆上的滑块，改变摄氏温度，观察数据变化。当华氏温度达到 200 时，指示灯被点亮，运行也停止。

3.2.3 设计循环累加器

1. While 循环与 For 循环比较

1）While 循环也有自动索引功能，开启和关闭自动索引的方法与 For 循环相同，都是在数据隧道上用鼠标右键单击，选择开启或关闭选项。不同的是：For 循环的数组默认为能自动索引，如不需要索引，则可在数组进入循环的通道上单击右键，在弹出的快捷菜单上选择"禁用索引"选项；而 While 循环中的默认数组为不能自动索引，如果需要索引，则可在循环的通道上单击右键，在弹出的快捷菜单中选择"启用索引"选项。另外，在创建二维数组时，一般使用 For 循环而不使用 While 循环。

2）与 For 循环一样，While 循环也有移位寄存器，使用方法与 For 循环相同。

3）For 循环是在执行前检查是否符合条件，While 循环是在执行后检查条件端口。因此当 While 循环的条件端口停止条件为"真"时，也要执行一次，即 While 循环至少执行一次；而对于 For 循环，当总数接线端 N=0 时，不执行 For 循环内的程序。

4）默认情况下，在 For 循环的总数接线端 N 输入数值，来确定 For 循环执行的次数，一旦开始执行，只有达到 N 次才能终止；在未达到循环总数 N 之前，不能从循环体内跳出。而 While 循环事先不设置循环次数，只要满足条件端的停止条件，就停止循环，跳出循环体。

如果一定要用 For 循环实现满足条件就停止循环，那么只需在其边框上的任意位置用鼠标右键单击，在弹出的捷菜单里选择"条件接线端"，就可以看到循环总数 N 处出现一个红点，并且循环体内被自动放置了循环条件端◉，与 While 循环一样，可用来实现满足停止条件时停止循环。

2. 设计循环累加器

要求：设计 VI 实现产生随机数，并进行累加，当累加和大于 10 或者累加 20 次时停止运行。

分析：从要求上看，应该使用 For 循环的条件停止。随机函数在"数值"函数选板里面，其他函数不再赘述，程序框图如图 3-16a 所示。该 VI 每次运行都会有不同结果，比如某一次

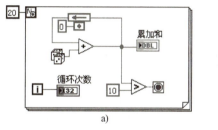 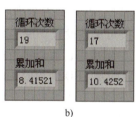

a) b)

图 3-16 循环累加器
a）程序框图　b）运行结果

运行循环 0~19，共 20 次，累加和为 8.41521，即停止运行；另一次运行循环 0~17，共 18 次，累加和为 10.4252，尽管没有循环 20 次，仍停止运行。

3.2.4 利用移位寄存器循环点亮指示灯

While 循环同 For 循环一样可以使用移位寄存器，添加移位寄存器的方法也相同。下面设计一个用 While 循环和移位寄存器实现循环点亮指示灯的程序。

要求：3 个指示灯，每个灯点亮 1 s，循环执行。

步骤：

（1）设计程序的前面板

先制作 3 个灯的簇，并设置 3 个灯的颜色属性，分别设置为红色、绿色、蓝色。

1）在前面板，打开"控件"选板（前面的例子使用了"新式"选项中的控件，这个例子学习使用"银色"选项中的控件），选择"银色"→"布尔"中的 LED（银色），放置在前面板，右键单击 LED，在快捷菜单中选择"显示项"→"标签"，去掉前面的"√"，表示不显示标签。

2）选中 LED，单击工具栏的"调整对象大小"→"设置宽度和高度"，如图 3-17 所示，弹出"调整对象大小"对话框，如图 3-18 所示。在"宽度"和"高度"文本框中输入数据，这里设置为 60，然后单击"应用宽度和高度"按钮，最后单击"确定"按钮，完成大小设置。

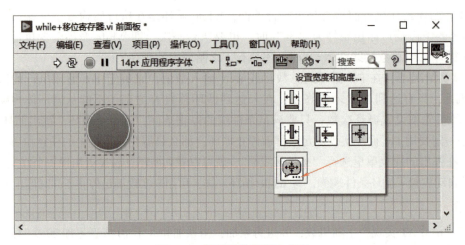

图 3-17　设置控件宽度和高度

3）把大小修改好的 LED 复制成 3 个，排列整齐，然后右键单击第一个 LED，从弹出的快捷菜单中选择"属性"，打开"布尔类的属性"对话框，如图 3-19 所示。在该图中可以看到，也可以在此进行标签可见性设置、控件宽度和高度设置等。

图中的"颜色"选项组，可以进行控件的颜色设置，这里的"开"对应的是 LED 点亮时的颜色，"关"对应的是 LED 熄灭时的颜色。单击"开"右边的淡绿色方块，弹出"颜色选择"对话框，如图 3-20a 所示，可以在上方的颜色条中选择颜色，也可以在下方的"用户""历史""系统"下选择颜色。最上边的颜色条是从黑到白渐变色，而最右边的 T 是透明选项，选择该选项，控件透明。这个 LED "开"的状态颜色为红色，在"用户"下的颜色方块中选择红色即可。然后把"关"的状态设置成暗红色。单击"关"右边的深绿色方块，弹出"颜色选择"对话框,可以在上方的彩色颜色条中选择暗红色。

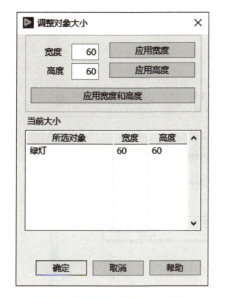

图3-18 "调整对象大小"对话框

图3-19 "布尔类的属性"对话框

单击右下角的"调色盘",弹出图3-20b所示"颜色"对话框,可以自定义颜色。可以在左边选择定义好的颜色方块;也可以在右边颜色区域单击选择颜色;还可以在右边文本框中输入红、绿、蓝三原色的数据,数据范围为0~255。红、绿、蓝数值都为0时,是黑色,都为255时是白色。三原色的数据不同会得到不同颜色。三原色的数值越大颜色越淡,还可以拖拽右边的色条改变颜色的深浅。

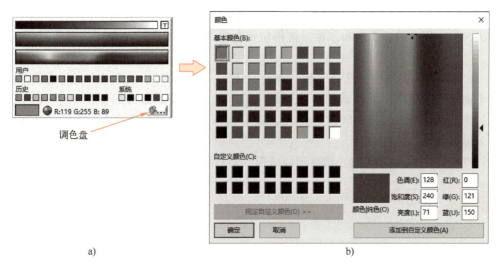

图3-20 颜色设置
a)"颜色选择"对话框 b)"颜色"对话框

配置好颜色后,单击"确定"按钮,回到属性对话框,这样,"开"和"关"的颜色属性就设置好了,单击"确定"按钮,回到VI的前面板。

按照此法把前面板的第3个LED设置成"开"为淡蓝色、"关"为深蓝色即可,第2个指示灯为绿色，不用修改。

4）在"控件"选板中选择"银色"→"数据容器"→"簇（银色）"，放置在前面板，拖拽放大，然后把3个LED全部选中，拖进簇里面，如图3-21a所示。右键单击簇边框，在快捷菜单中设置不显示标签。

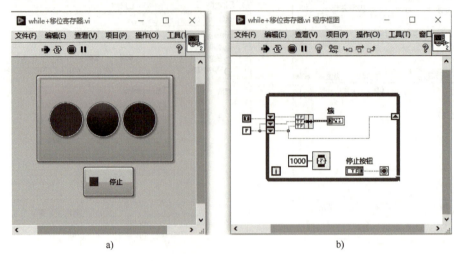

图 3-21　移位寄存器循环点亮指示灯 VI
a）前面板　b）程序框图

（2）设计程序框图

1）在程序框图窗口放置While循环，前面板放置一个银色的"停止按钮"，在程序框图中把该按钮连接到循环条件端。

2）右击While循环边框，在弹出的快捷菜单中选择"添加移位寄存器"，添加后，在左边拖拽成3位，用来放置3个布尔量。把移位寄存器进行初始化，一个连接真常量，2个连接假常量。

3）在"函数"选板中，选择"簇、类与变体"→"捆绑"，放置在While循环中，并拖拽成3个输入端，把移位寄存器的3位捆绑成簇，然后连接到做好的LED簇控件的输入端。最后放一个等待函数，等待时间设置成1000ms，表示每个LED灯点亮1s。设计好的程序框图如图3-21b所示。

设计好程序之后，保存VI，切换到前面板，运行程序，观察到3个LED顺序点亮。

任务 3.3　应用条件结构设计 VI

3.3.1　真假条件应用

1. 真假条件

在文本语言中有if…else语句和Switch语句等，在LabVIEW中也有与之类似的结构——条件（Case）结构。当条件选择器上连接的是布尔量时，相当于if…else语句。在条件选择器上还可以连接其他数据类型，如数值、字符串、枚举型和错误簇等。

3.3.1　真假条件应用

条件结构同样位于"函数"→"结构"选板中。与创建循环的方法相同，可用鼠标在程序框图上任意位置拖放任意大小的条件结构图框。条件结构由结构框架、条件选择端、选择器标签、递增/递减箭头组成，如图3-22所示。图中的"真"和"假"为选择器值。默认情况下，条件结构有两个分支，即"真"与"假"。条件选择端也叫作分支选择器，默认为绿色，连接一个布尔量输入控件，用来选择执行"真"或"假"框中的程序。

条件结构一般可与For循环、While循环配合使用。在图3-22中，如果条件为真，就执行"真"分支框架里面的程序；如果条件为假，就执行"假"分支框架里面的程序。

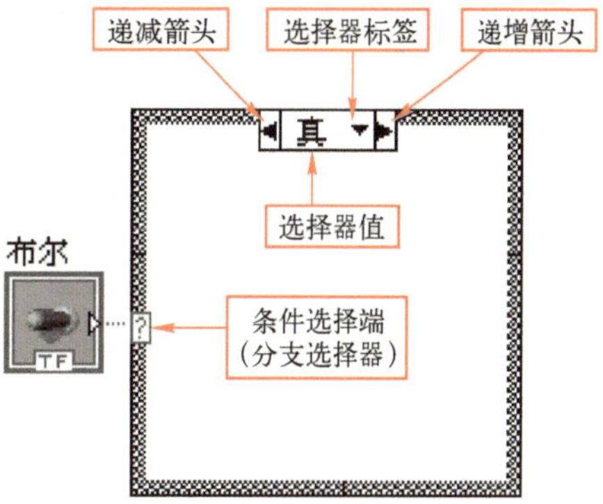

2. 设计数值选择输出VI

图3-22 条件结构组成

要求：生成10个0~10的随机数，当随机数的数值大于或等于5时取整；小于5时取值5。然后把这10个数组成数组显示。

分析：该任务比较简单，程序框图如图3-23所示。图3-23a所示为"真"分支，图3-23b所示为"假"分支，图3-23c所示为运行结果。运行结果显示，产生了一个5~10的随机数组成的一维数组。

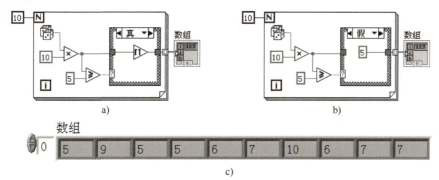

图3-23 条件结构程序框图
a)"真"分支 b)"假"分支 c)运行结果

3.3.2 多种选择条件应用

1. 多种选择条件

条件结构的所有输入端，包括隧道和选择端的数据，对所有分支都可以通过连线使用，甚至不用连线也可使用。分支不一定要使用输入数据或提供输出数据，但是如果任一分支有输出数据，则其他所有的分支也必须在该数据通道有数据输出，否则可能导致编程中的代码错误。

如果有多种选择的情况，就可以为分支选择器连接一个"枚举"输入控件，如图3-24a所示。在条件选择端连接枚举变量的时候，选择器的值变为"0""1"，对应两个分支。在条件结构框架上单击右键，在弹出的快捷菜单中选择"在后面添加分支"，就可以为条件结构添加新的分支。添加完新分支后可在快捷菜单中选择"重排分支"，打开"重排分支"对话框，在对话框的分支列表中用鼠标拖动列表项可以对分支重新排序。通常，排序按钮以第一个选择值为基准对选择器标签值进行排序。删除分支的操作与添加分支相同。

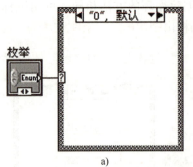
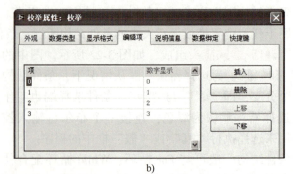

图 3-24 多分支条件结构

a）连接一个"枚举"输入控件 b）"枚举属性：枚举"对话框

在前面板右击枚举控件，在打开的快捷菜单中选择"编辑项"，打开"枚举属性：枚举"对话框，如图 3-24b 所示，可以在此对话框中进行添加项、删除项和排序操作。要注意，枚举的项要与分支一一对应，即选择枚举"0"时，执行"0"分支框里的程序，项和分支不对应则程序报错。

2. 设计数码管显示 VI

（1）制作数码管簇

3.3.2 多种选择条件应用—设计数码管显示 VI

1）选择"控件"选板→"布尔控件"→"方形指示灯"，放置在前面板，在控件上单击右键，在快捷菜单中设置不显示标签。

2）把方形指示灯拖放为细长形状，然后复制控件，用此方法做 4 个竖条和 3 个横条。

3）把控件拼出"8"的形状，并在 8 的右下角放置一个圆形指示灯，表示小数点，然后右键单击控件，在快捷菜单中设置不显示标签。调整布尔控件的位置，使其更加美观。

4）选择"控件"→"新式"→"数据容器"→"簇"，将簇的外框放置在前面板上，将数码管拖放到簇中。右键单击簇的外框，在快捷菜单中选择"自动调整大小"→"调整为匹配大小"，进行调整。

5）在簇边框上单击右键，在快捷菜单中选择"重新排序簇中控件"，左上方的控件开始按照顺时针方向由 0 到 7 排序，如图 3-25 所示，排序后，单击"完成"按钮 ✓，即完成了一个数码管的制作。

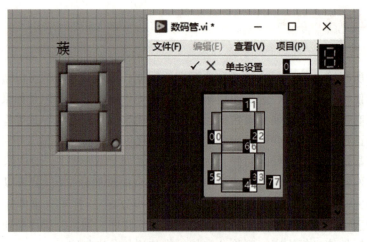

图 3-25 数码管及簇中的控件排序

（2）一位数码显示实现

一位数码显示的程序框图如图 3-26a 所示，这里主要用到条件结构。在条件结构的分支选择器上，连接一个整数的输入控件，设计 0~9 共 10 个分支，每个分支里都有一个布尔常量组成的常量数组。在 0 分支，第 0~5 段数码亮、6、7 段灭，因此数组中，第 0~5 号元素为"T"，6 和 7 为"F"。同理，1 分支的数组中，第 2 号和第 3 号元素为"T"，其他元素为"F"，依此法编辑所有分支。编辑好之后，在数组输出端与簇之间放置了一个"数组至簇转换"函数（位于"编程"→"数组"），该函数默认大小为 9 个成员，由于该数码管有 8 个，在该函数上单击右键，从快捷菜单中把大小修改成 8 个。当数值输入控件输入"0"时，选择 0 分支，数码管显示"0"，以此类推。如果在数值输入控件中输入"9"，显示效果如图 3-26b 所示。

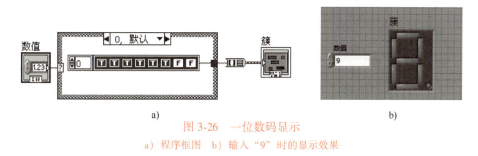

图 3-26 一位数码显示
a）程序框图 b）输入"9"时的显示效果

（3）三位数码显示

1）在程序框图窗口，把图 3-26 中程序除数值控件之外的部分都复制成 3 个，分别把簇标签修改为百位、十位和个位。

2）对于输入的数据进行判断，如果>0，就把该数值分解成百位、十位、个位；如果<0，就记为"0"。然后用带余数的除法除以 100，得到的商是百位，余数再除以 10，得到的商是十位、余数是个位。当运行 VI 时，在数值控件中输入 1000 以内的数据，就会在数码管中显示出来。

3）为了获得较好的显示效果，需要进行一些修饰。在前面板菜单栏中，选择"查看"→"工具"选板，将"调色板"的选项配置为 T（透明色），将 3 个簇的外框隐去。选择"控件"→"修饰"→"平面圆盒"，将簇放置到平面圆盒上，并将该盒子移至后面。用涂色功能将平面圆盒涂黑。根据需要，适当调整控件的布局和黑色平面圆盒的大小及形状。

4）设计好的三位数码显示程序框图和显示效果如图 3-27 所示。把三位数码显示 VI 保存为"数码管 subVI.vi"，并进行"图标和连线板"的编辑，以备其他 VI 调用。连线板有一个数值型输入端"Numeric"和 3 个簇输出端，即 3 个数码管簇。

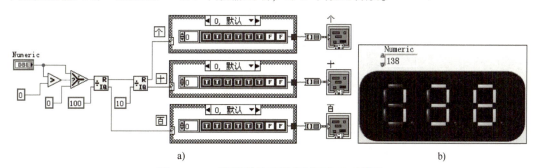

图 3-27 三位数码显示程序框图和显示效果
a）程序框图 b）显示效果

3. 设计气温监测 VI

要求：模拟当前温度 T 的变化，当前温度 T≤20℃，显示温度偏低、指示灯蓝色；21℃≤T≤28℃，显示温度舒适、指示灯绿色；29℃≤T≤35℃，温度偏高、指示灯黄色；T≥36℃，温度太高、指示灯红色。

3.3.2 多种选择条件应用—设计气温监测 VI

分析：这是一个动态改变颜色属性的例子，考虑用条件结构和属性节点。气温监测 VI 如图 3-28 所示。

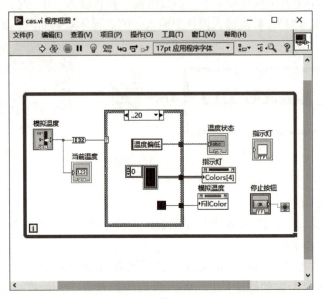

a)

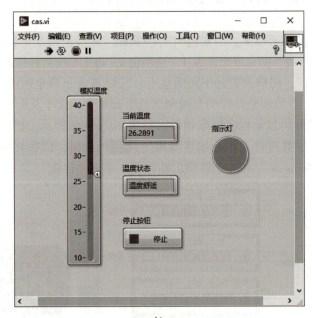

b)

图 3-28 气温监测 VI
a）程序框图 b）前面板

步骤：

1）在程序框图中，选择"函数"→"编程"→"结构"→"条件结构"，将其放置在前面板上，拖拽到合适大小。

2）在前面板中，选择"控件"→"新式"→"数值"→"水平指针滑动杆"，将其放置在前面板上，标签修改为"模拟温度"，修改上下限和大小。再放一个"数值"控件，标签修改为"当前温度"，在程序框图中与"模拟温度"连接。

3）放一个"条件结构"，在"模拟温度"后面连接一个强制转换，把数据类型转换为长整型"I32"，然后再连接到条件结构的分支选择器上。将"条件结构"的默认分支标签修改为"..20，默认"，1分支修改为"21..28"。

右击选择器标签，在后面添加分支，标签修改为"29..35"，用同样方法再添加一个分支，标签修改为"36.."。

4）编辑温度状态显示字符串。在条件结构的每个分支放置一个字符串常量，分别是"温度偏低""温度舒适""温度偏高"和"温度太高"。把字符串常量连接到条件结构边框，在数据隧道上单击右键，从快捷菜单选择"创建"→"显示控件"，标签修改为"温度状态"。

5）编辑指示灯颜色。前面板放置一个指示灯，在指示灯上单击右键，从快捷菜单中选择"创建"→"属性节点"→"颜色[4]"，如图3-29a所示。

在属性节点上右击，从弹出的快捷菜单中选择"转为写入"，在属性节点的"Color[4]"输入端右击，从弹出的快捷菜单中选择"创建"→"常量"，如图3-29b所示。

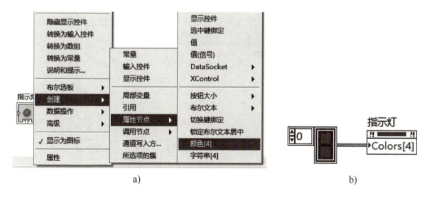

图 3-29 指示灯颜色属性设置
a）创建"颜色" b）创建颜色属性

把颜色簇常量分别放在条件结构的每个分支，"温度偏低"分支修改为蓝色、"温度舒适"分支修改为绿色、"温度偏高"分支修改为橙色、"温度太高"分支修改为红色，再把这几个颜色簇连接到颜色属性节点上。

6）编辑滑动杆填充色。在模拟温度滑动杆上右击，从弹出的快捷菜单中选择"创建"→"属性节点"→"填充颜色"，然后右击属性节点，从弹出的快捷菜单中选择"转为写入"。在条件结构的每个分支分别放置颜色盒常量，颜色和指示灯的颜色一一对应，然后连接到属性节点的"FillColor"输入端。

7）在上面编写好的程序中放置一个While循环，框住所有程序，再在条件端上创建输入控件，编写好的程序如图3-28所示。

8)运行程序,拖拽滑动杆,观察温度值和指示灯、滑动杆的颜色变化。

4. 水果总价计算 VI

要求:列出4种水果,如苹果、香蕉、橙子、梨子。选择水果种类,输入重量,运行 VI,计算该种水果的总价。

步骤:

1)创建 VI,命名为"水果总价计算.vi"。

2)编辑前面板。选择"控件"→"新式"→"字符串与路径"→"组合框",拖放到前面板,并把标签修改为"水果种类"。右击该控件,从弹出的快捷菜单中选择"编辑项"命令,打开"组合框属性"对话框。勾选"值与项值匹配",则"值"与"项"一致(比如项为"苹果",值自动为"苹果");去掉勾选,"项"与"值"就可以不同了(比如项为"苹果",值可以为"a")。按照图 3-30 所示进行设置,然后单击"确定"按钮,即完成"组合框"的编辑。在前面板放置一个"数值输入"控件,标签为"重量";放置一个"数值显示"控件,标签为"总价"。

图 3-30 "组合框属性"对话框

3)在程序框图中,放置"条件结构",把"组合框"连接到"条件结构"的分支选择器上。

把选择器标签默认的"真"修改为"a",标签"假"修改为"b"。在 b 分支上右击,在弹出的快捷菜单中选择"在后面添加分支",添加 o 分支,同样方法,添加 p 分支。

在 a 分支把重量与苹果的单价相乘,b 分支把重量与香蕉单价相乘,o 分支重量与橙子单价相乘,p 分支重量与梨子单价相乘。把每个分支的乘积与"总价"相连。

把以上的程序代码放到 While 循环中,完成的程序如图 3-31 所示。

4)运行 VI,在前面板"水果种类"组合框中选择一种水果(如"苹果"),选择框里面就会显示该种水果的名称。再输入重量,"总价"显示控件中就会显示该水果的总价。

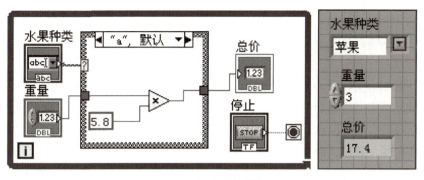

图 3-31 水果总价计算 VI

任务 3.4　应用顺序结构设计 VI

3.4.1　顺序结构

在 LabVIEW 中，可以用顺序结构来控制程序的执行顺序。顺序结构由多个框架组成，从框架 0 到框架 n。程序运行时，首先执行的是放在框架 0 中的程序，然后执行的是放在框架 1 中的程序……，这样依次执行下去。这些子框图看起来就像一帧帧的电影胶片，因此每个框架称为一帧。在程序运行时，只有上一个框架中的程序运行结束后才能运行下一个框架中的程序。

顺序结构共有层叠式和平铺式两种类型，这两种结构也在"结构"选板中。与创建其他数据结构的方法类似，可以从"结构"选板中选择顺序结构，然后用鼠标在程序框图上任意位置拖放任意大小的顺序结构图框，此时的顺序结构只有一帧。在顺序结构的边框上单击右键，从快捷菜单中选择"后面添加帧"，就可以添加新的帧，如图 3-32 所示。平铺式顺序结构比较简单，从第 0 号开始依次排列；层叠式顺序结构每次只能看到一帧，与条件结构类似，框架上端有"选择器标签"，可以选择某一帧来查看该帧的程序。这两种类型选择器功能相同。平铺式结构简单直观，不需要在框架之间切换；层叠式结构使程序简洁，节省视觉空间。两种类型可以互相切换。

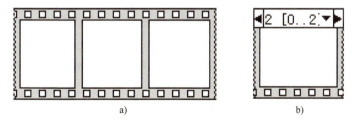

图 3-32　顺序结构
a）平铺式顺序结构　b）层叠式顺序结构

3.4.2　编写顺序点亮指示灯 VI

要求：用平铺式顺序结构编写 VI，实现红、黄、绿 3 个指示灯依次被点亮 3 s。
分析：用平铺式顺序结构，需要 3 帧，第 1 帧红灯亮，黄灯和绿灯灭；第 2 帧黄灯亮，红灯和绿灯灭；第 3 帧绿灯亮，红灯和黄灯灭。由于在 3 帧当中都要用到红、黄、绿 3 个指示灯，因此要用到变量。

1. 局部变量与全局变量

在 LabVIEW 环境中，各个对象之间传递数据的基本途径都是连线。但是当需要在几个同时运行的程序之间传递数据时，显然是不能连线的；即使在一个程序内各部分之间传递数据时，有时也会遇到连线的困难；还有的时候，需要在程序中多个位置访问同一个前面板对象，甚至有些是对它写入数据，而有些是由它读出数据。在这些情况下，就需要使用全局变量和局部变量。在 LabVIEW 中的变量是程序框图中的元素，通过它可以在另一位置访问或存储数据。根据不同的变量类型，数据的实际位置也不一样，局部变量将数据存储在前面板的输入控件和显示控件中；全局变量将数据存储在特殊的可以通过多个 VI 访问的仓库中。局部变量的作用域是整个 VI，用于在单个 VI 中传输数据；全局变量的作用域是整台计算机，主要用在多个 VI 之间共享数据。

（1）局部变量

为控件创建局部变量的方法有两种，一是在已有控件对应的端口上单击右键，从弹出的快捷菜单中选择"创建"→"局部变量"，如图 3-33 所示。这样就得到该对象的一个局部变量 。另一种方法是选择"函数"→"结构"→"局部变量"，然后将其拖到框图上，得到一个图标 。单击该图标，将其与框图中已有的变量建立关联。

局部变量和全局变量在"函数"选板中的位置如图 3-34 所示。局部变量既可以是"写入"，也可以是"读取"。默认情况下为写入型，右键单击此图标，利用快捷菜单可选择转换为读取。

图 3-33　创建局部变量

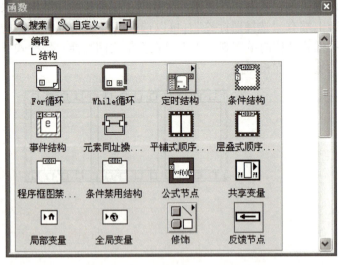

图 3-34　局部变量和全局变量在"函数"选板中的位置

局部变量只是原变量的一个数据复制品，但是可以对它的属性进行修改，并且这种改变不会影响原变量。局部变量有 3 种基本的用途，即控制初始化、协调控制功能、临时保存数据和传递数据。

（2）全局变量

全局变量是 LabVIEW 中一个与 VI 地位等同的模块，它以独立文件的形式保存在磁盘中，文件扩展名为".gbl"。通过全局变量，在不同 VI 之间可以交换数据。

创建全局变量的方法是，在"函数"→"结构"中，将其图标拖到框图中，得到全局变量，图标为。双击全局变量图标，打开其前面板，在该面板上放置所需要的变量，例如一个数值量、一个布尔量、一个字符串变量等，如图 3-35a 所示。保存这个变量，默认名称为"全局 1.gbl"。至此，全局变量创建完毕，下面就可以用调用子 VI 的方法来调用这个全局变量了。

在一个 VI 中调用全局变量的方法同调用子 VI 的方法，即在函数下选择"选择 VI"，然后打开所需的全局变量文件，如"全局 1.gbl"。单击全局变量图标，"全局 1"中包含的 3 个变量就以列表形式出现，如图 3-35b 所示。如果选择其中的"布尔"，该变量就是"布尔"控件的全局变量。

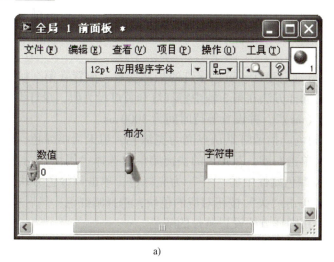

图 3-35 创建和调用全局变量
a) 创建全局变量 b) 调用全局变量

有时需要从全局变量中读数，有时需要向全局变量写数。这时可利用快捷菜单改变其属性。其方法是，右键单击全局变量图标，从快捷菜单中选择"转换为读取"或"转换为写入"来改变读写方式。

全局变量不仅可以在不同 VI 间传递数据，而且可以传递消息，控制各 VI 的协调执行。它在程序设计中很有用。但无论是全局变量还是局部变量，若使用过多，都会出现一些其他问题，必须引起注意。首先，从程序的静态结构上看，会使程序结构不直观，造成混乱；其次在程序运行过程中可能带来数据状态的竞态现象，这主要是指，因为全局变量作为一种可读可写的中间变量，应当严格控制读写的操作，最好是使它们处于"一写多读"的状态，否则可能会出现问题。

2. 程序设计

1）把平铺式顺序结构拖放到工作区，在后面添加两个分支，顺序点亮指示灯的程序框图如图 3-36 所示。

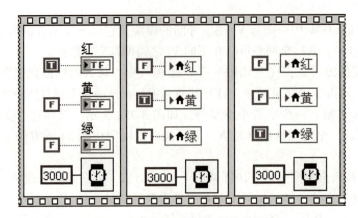

图 3-36　顺序点亮指示灯的程序框图

2) 在第一个分支放置 3 个指示灯，分别为红、黄、绿。在红灯上单击右键，从弹出的快捷菜单中选择 "创建"→"常量"，单击一下，将其改为真常量，为黄灯和绿灯分别创建一个假常量。

3) 在指示灯上单击右键，分别创建红、黄、绿灯的局部变量，放置在第 2 帧中，并设置黄灯为真，红灯和绿灯为假；用同样方法在第 3 帧中将红灯和黄灯设为假，绿灯设为真。

4) 在每一帧中放置 "等待（ms）"，并设置等待时间为 3000 ms。

5) 在前面板改变指示灯的颜色。指示灯默认点亮为亮绿色，熄灭为暗绿色，因此，需要修改一下红灯和黄灯。在红灯上单击右键，在弹出的快捷菜单中选择 "属性"，打开属性对话框。在 "外观" 选项界面，看到颜色属性中的 "开" 为亮绿色，单击该绿色方块，弹出 "颜色选择" 对话框，选择红色。再单击 "关" 按钮对应的色块，选择暗红色，然后单击 "确定" 按钮，即完成红灯颜色的设置。用同样方法设置黄灯的颜色。

6) 运行程序，观察指示灯被点亮的过程。

任务 3.5　应用事件结构设计 VI

任务 3.5　应用事件结构设计 VI

3.5.1　事件结构

在 LabVIEW 中，另一个常用的结构就是事件结构（Events）。事件结构用来作为界面响应。当前面板上有数值变化、发生按键被按下等情况时，就触发事件结构中的对应帧，实现相应的功能。

事件结构避免了程序运行中不断地轮询前面板是否有用户交互事件发生，而是在有事件发生时才做响应，减少了不必要的资源占用。事件是指对活动发生的异步通知。事件可以来自于用户界面、外部 I/O 或其他方式。用户界面事件包括鼠标单击、键盘按键等动作，外部 I/O 事件则指诸如数据采集完毕或发生错误时硬件触发器或定时器发出的信号。

其他方式的事件可通过编程生成并与程序的不同部分进行通信。LabVIEW 支持用户界面事件和通过编程生成的事件，但不支持外部 I/O 事件。

LabVIEW 中的事件结构也是一种能改变数据流执行方式的结构，使用事件结构可以实现用户在前面板的操作（事件）与程序执行的互动。

一个标准事件结构由框架、超时端口、事件数据节点、递增/递减按钮和事件结构组成，如图 3-37 所示。与条件结构相似，事件结构也可以由多层框架组成，但与条件结构不同的是，事件结构虽然每次只能运行一个框图，但可以同时响应几个事件。在事件结构中，超时端口用来设定超时时间，其接入数据是以毫秒为单位的整数值。当超时时间设置成"−1"时，表示永不超时，程序运行时就不会进入超时帧。

"事件数据节点"由若干个事件数据端口构成，数据端口的增减可以通过拖拉事件数据节点进行，也可以通过单击右键，从弹出的快捷菜单中选择"添加/删除元素"选项进行。事件结构同样支持隧道。

动态事件结构的创建就需要使用注册事件节点来注册事件（指定事件结构中事件的事件源和事件类型的过程称为注册事件），再将结果输出到事件结构动态事件注册端口上。若要创建一个动态事件注册端口，则可以在事件结构框图上单击右键，在弹出的快捷菜单中选择"注册事件"选板，如图 3-38 所示。

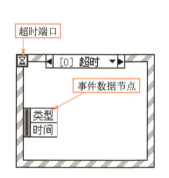

图 3-37 标准事件结构的组成

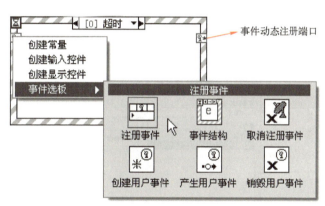

图 3-38 "注册事件"函数选板

3.5.2 编写指示灯状态控制 VI

要求：用事件结构设计指示灯状态控制程序，实现红、黄、绿 3 个灯依次点亮 1 s，循环执行；当按下"暂停"键时，3 个指示灯熄灭 3 s，然后继续顺序点亮；当按下"停止"键，停止运行 VI。

分析：该任务要求用事件结构，当程序运行且没有按下任何按钮时，使其处于超时帧；当按下某个按钮时，执行相应的分支内容，因此该事件结构应该有 3 帧。根据要求，需要循环执行，按下停止按钮才停止运行，可以用 While 循环实现。

步骤：

1）新建 VI，把 While 循环拖放到工作区，事件结构拖放到 While 循环内，可设置超时为 20 ms。

2）在超时帧，按照 3.4 节编写的"顺序点亮指示灯 VI"编写程序，将等待时间修改为 1000 ms，指示灯状态控制 VI 程序框图如图 3-39 所示。

3）放置一个"确定"按钮，按钮标签修改为"暂停"。在事件结构的边框上单击右键，

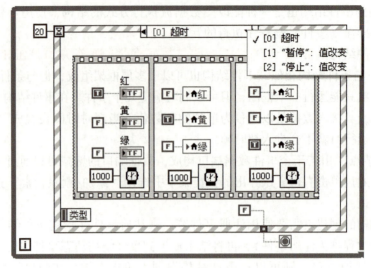

图 3-39 指示灯状态控制 VI 程序框图

在弹出的快捷菜单中选择"添加事件分支",就会弹出一个"编辑事件"对话框,如图 3-40 所示。在"事件源"里选择"暂停",在"事件"里选择"值改变",然后单击"确定"按钮,返回程序框图,此时事件结构就多了一个"暂停"分支,如图 3-41 所示。

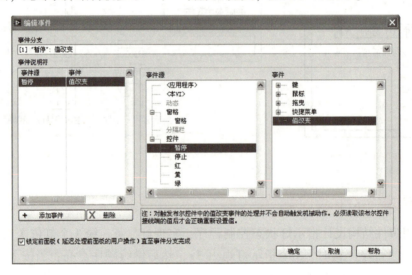

图 3-40 "编辑事件"对话框

把"暂停"按钮拖放到该分支框里面,红、黄、绿灯的局部变量连接假常量,并放置一个等待(ms),设置等待时间为 3000 ms。

4)按照第 3)步的方法添加"停止"分支,如图 3-42 所示。在该分支里放一个真常量,并连接到 While 循环的条件停止端上,实现执行该分支后停止运行 VI。在图 3-42 中,真常量经过事件结构的数据隧道与 While 循环的条件停止端相连。在该隧道上单击右键,从弹出的快捷菜单中选择"未连线时使用默认"。在默认情况下,隧道数值为"假",因此在"超时帧"和"暂停帧"可以不连接假常量。

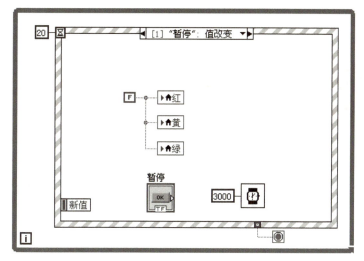

图 3-41 "暂停"分支

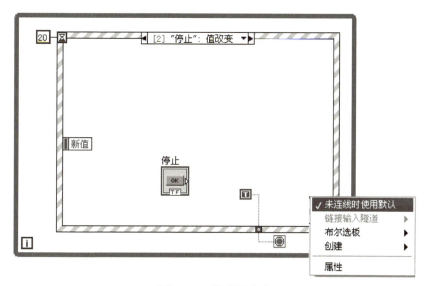

图 3-42 "停止"分支

3.6 思考题

1. 创建一个 VI，利用 For 循环生成一个 4 行 6 列的二维数组，数组元素为 10~20 的随机整数。

2. 利用 While 循环设计 VI，产生随机数并进行累加，当累加和大于 100 或按下停止按钮时停止运行。

3. 李萨如曲线（Lissajous-Figure）是两个沿着互相垂直方向的正弦振动合成的轨迹。李萨如曲线参数方程为 $x(\theta)=a\sin\theta$，$y(\theta)=b\sin(n\theta+\varphi)$。其中，$n \geqslant 1$ 且 $0 \leqslant \varphi \leqslant \frac{\pi}{2}$，n 称为曲线的参数，是两个正弦振动的频率比。

要求：编写程序，用波形图显示曲线 x 和曲线 y，用 XY 图显示 y 随 x 变化的曲线，即李萨如曲线。

项目 4　数据的读写与存储

在 LabVIEW 程序设计中，常常需要调用外部文件中的数据（读操作），同时也需要将程序产生的结果数据存储至外部文件中（写操作），因此文件 I/O 操作是 LabVIEW 和外部交换数据的重要方式。文件 I/O 功能函数是一组功能强大、伸缩性强的文件处理工具。它们不仅可以读写数据，还可以移动、重命名文件与目录。

项目目标

知识目标
1. 了解虚拟仪器的文件存储格式。
2. 掌握 LabVIEW 常用文件 I/O 函数。
3. 熟练掌握应用 LabVIEW 进行数据读写与存储。

能力目标
1. 能够应用 LabVIEW 将数据存储为文本文件，并读取数据进行显示、处理等。
2. 能够将数据存储为二进制文件，并读取数据进行显示、处理等。
3. 能够将数据存储为电子表格文件，并读取数据进行显示、处理等。
4. 能够将数据存储为波形、数据记录等类型文件，并读取数据进行显示、处理等。

素养目标
1. 具有规范的操作习惯和良好的职业行为习惯。
2. 具有搜集信息、整理信息、分析问题、解决问题的能力。
3. 具有良好的沟通交流和自我学习能力。

文件存储有 3 种常用方式，第 1 种是采用二进制字节流文件存储，第 2 种是采用 ASCII 码字节流文件存储，第 3 种是采用数据记录文件存储。这些都属于底层文件存储形式。

在 LabVIEW 中提供了多种数据存储方式，右键单击程序框图空白处，从快捷菜单中选择"编程"→"文件 I/O"，弹出"文件 I/O"函数选板，如图 4-1 所示。

还有一类常用的文件是电子表格文件。初学者常用的保存方式是使用快速 VI。在"文件 I/O"函数选板第一行的中间两个 VI，一个是"写入测量文件"，一个是"读取测量文件"，可以使用这两个 VI 存储一维数组和两位数组的数据。存/取文件快速 VI 如图 4-2 所示。

下面以文件存储为例介绍 LabVIEW 的基本编程思路。图 4-3 所示为典型"文件 I/O"操作的 4 个步骤。

1）新建或打开文件。新建或打开一个指定路径下的文件。
2）文件读写操作。通常将这一部分的代码放在循环当中，持续对文件进行读写操作。

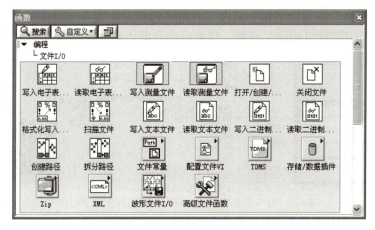

图 4-1 "文件 I/O" 函数选板

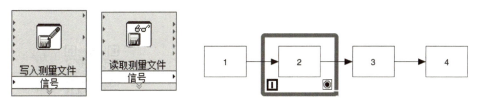

图 4-2 存/取文件快速 VI　　　　图 4-3 典型"文件 I/O"操作的 4 个步骤
1—新建或打开文件　2—读/写文件　3—关闭文件　4—检查错误

3）在结束文件操作以后，要关闭所有打开的资源。
4）使用错误处理机制。

任务 4.1　存取文本文件

文本文件是由若干行字符构成的计算机文件，根据文本存储方式的不同有多种格式，如 doc、txt 和 inf 等。文本文件通常所指的是能够被系统终端或简单的文本编辑器所接受的格式，可以认为这种文件是通用的、跨平台的，其中 ASCII 码是最为常见的编码标准。所以，文本文件又称为 ASCII 码文件或字符文件，它的 1 字节代表 1 个字符，存放的是这个字符的 ASCII 码。

文本文件具有适用于各种操作系统平台且不需要专门的编辑器就可以读写的优点，其不足之处在于：文本文件所占空间较大，比如存储一个浮点数-123.45678，因为每个字符要占用 1 字节，所以需要 10 字节的空间；文本文件的存取数据过程中存在 ASCII 码与机器码的转换，故存取数据的速度比较慢；另外，相对其他文件类型而言，其安全性差。

在 LabVIEW 中有写入文本文件和读取文本文件两种专门的文件 I/O 函数，如图 4-1 所示。图 4-4 所示是把一个 3 行 4 列的随机数组写入文本文件中，扩展名是"txt"，当然，如果文件保存的扩展名取"xls"，保存的文件将是电子表格文件，但并不影响数据结果。

在实际使用过程中，常常需要将现有的数据添加到原有的文本文件中，具体方法是，打开文件后使用"文件 I/O"→"高级文件函数"子选板中的设置文件位置函数，将文件指针移动到文件尾，再写入数据，并关闭文件。添加文本文件数据如图 4-5 所示。

图 4-6 所示的是图 4-4 产生的读取文本文件数据的过程和波形图表。其中，在读取文本函

数的计数端输入"-1"表示读取整个文件。值得注意的是，文本文件是字符串数据类型，需要添加"字符串至字节数组转换"函数，转换后的数据才能被波形图表显示。

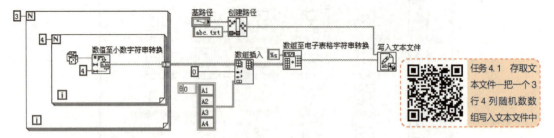

图4-4　把一个3行4列的随机数组写入文本文件中

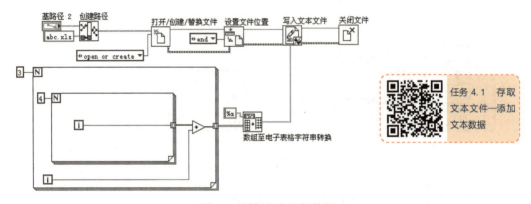

图4-5　添加文本文件数据

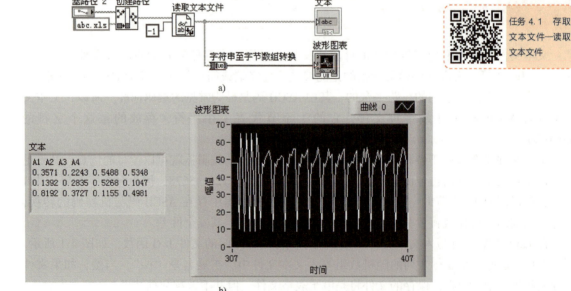

图4-6　读取文本文件数据的过程和波形图表
a）读取文本文件数据的过程　b）波形图表

任务 4.2 存取二进制文件

二进制字节流格式是最紧凑、最快速的文件存储格式,也是最基本的文件格式,是其他文件格式的基础。存储前,需要把数据转换成二进制字符串的格式,同时还必须清楚在对文件读写数据时采用的是哪种数据格式。

写入(即存储)二进制文件如图 4-7 所示。首先打开一个文件,然后向文件中添加需要存储的数据,最后关闭文件。图 4-7 所示的是例程"写入二进制文件",目的是将设定的正弦波形数据写入二进制文件中,保存文件的扩展名为"dat"。程序中使用了"文件对话框"函数来自"文件 I/O"→"高级文件函数"子选板,用于确定文件路径或目录。

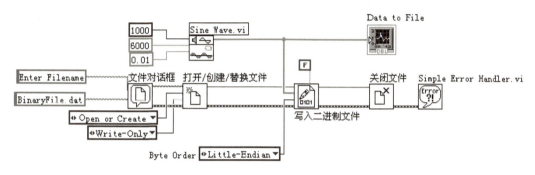

图 4-7 写入二进制文件

图 4-8 所示的是例程"读取二进制文件",在结构上与写入二进制文件类似,可以用来读取图 4-7 所示程序保存的二进制文件。程序中使用了"文件 I/O"→"高级文件函数"子选板中的"拒绝访问"函数,目的是重新打开引用句柄指定的文件类型,临时改变拒绝其他引用句柄、VI 或应用程序的读或写访问权限,有禁止读写(Deny Read/Write,默认)、只读(Deny Write-Only)和不禁止(Deny None)3 种可选择,程序中选择的是只读。读取二进制文件函数中数据类型(Data Type)设置端口用于读取二进制文件的数据类型,可以是数组、字符串或者包含数组或字符串的簇,本程序因为是读取图 4-7 所产生的数据,所以选取数据类型为 DBL,即数值型。

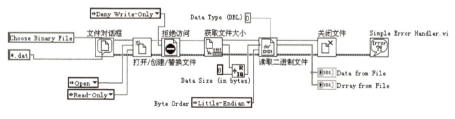

图 4-8 读取二进制文件

值得注意的是,读取二进制文件函数将假定该数据类型的每个实例都包括大小信息,如果实例不包括大小信息,函数将无法解析数据;如果 LabVIEW 确定数据与类型不匹配,函数将把数据设置为指定类型的默认值并返回错误。所以程序中使用了"获取文件大小"函数(来自"文件 I/O"→"高级文件函数"子选板),用读取文件的字节数(字节)除以数据大小,得到的结果就是以字节表示的文件大小。

图 4-9 所示为读取图 4-7 产生的二进制文件的运行结果，其结果取决于存储文件的数据，所以不同时刻采集的数据可能并不相同。

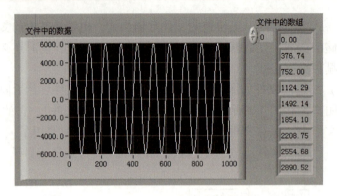

图 4-9　读取二进制文件的运行结果

任务 4.3　存取电子表格文件

电子表格文件是文本文件的一种，但是比普通的文本文件内容更丰富，信息被格式化，增加了空格、换行等易于被 Excel 等电子表格软件读取的特殊标记。"写入电子表格文件"函数的应用与"写入文本文件"函数的应用十分相似。它能直接写入一维或二维数据。

图 4-10 所示为一个"写入电子表格文件"的例子，在目标位置写入了一个名为 data.xls 的电子表格文件。程序中格式端默认为%.3f，其含义是 VI 可创建包含数字的字符串，小数点后有 3 位数字；如格式为%d，则 VI 可使数据转换为整数，使用尽可能多的字符包含整个数字；如格式为%s，则 VI 可复制输入字符串。

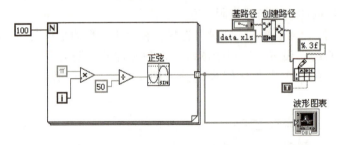

图 4-10　写入电子表格文件的例子

打开保存的电子表格文件可看到数据，或者通过"读取电子表格文件"函数读取，结果相同。

在"波形"→"波形文件 I/O"子选板中，还有一个与电子表格相关的函数，即"导出波形文件至电子表格文件"，如图 4-11 所示。

图 4-12 所示为利用"写入电子表格文件"和"导出波形文件至电子表格文件"的对比，打开生成的电子表格文件 data.xls 和 data2.xls，如果待写入的是波形信息，那么显然 data2.xls 的内容更丰富，更能反映波形的数据信息。

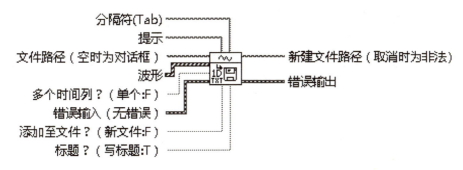

图 4-11　导出波形文件至电子表格文件

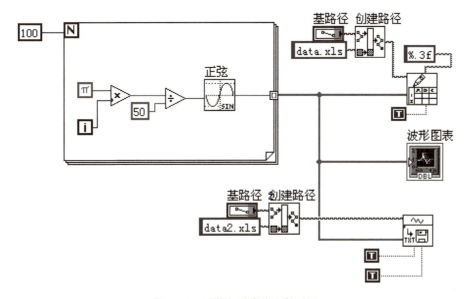

图 4-12　两种电子表格文件对比

任务 4.4　存取波形文件

波形数据是 LabVIEW 中一种特殊的数据结构。由于波形文件中包含了更多的信息，所以对波形数据的读写也是较为常见的操作。在"波形"→"波形文件 I/O"子选板中除了上面介绍的"导出波形文件至电子表格文件"函数，还有"写入波形至文件"函数和"从文件读取波形"函数两种。

写入波形至文件如图 4-13 所示。图中所示是对产生的正弦波形进行写入的操作，通过"获取日期/时间"函数为模拟波形创建了波形生成时间，将生成的一维波形数据传递给"写入波形至文件"函数，存储为空间小、速度快的二进制文件（data.dat）。

同图 4-12 一样，可以使用"导出波形文件至电子表格文件"将产生的 data.dat 文件读取为电子表格文件，以获取波形的数据信息。

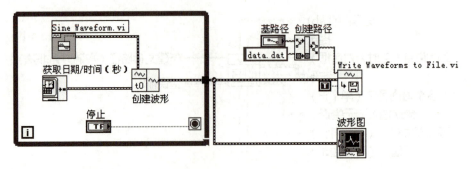

图 4-13 写入波形至文件

任务 4.5 存取数据记录文件

数据记录文件中的记录可包含各种数据类型。但是，读取或写入数据记录文件时，必须首先指定数据类型。例如，采集带有时间和日期标识的温度读数时，将这些数据写入数据记录文件需要将该数据指定为一个数字和两个字符串的簇。

在"文件 I/O"→"高级文件函数"下可以找到"数据记录"函数选板，如图 4-14 所示。此选板中包含常用的 8 个函数，如打开/创建/替换数据记录、关闭文件、读取数据记录文件等。下面以实例介绍数据记录文件的创建和读取。

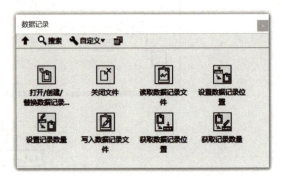

图 4-14 "数据记录"函数选板

图 4-15 所示为例程"简单温度数据记录"，写入的数据有 3 项，分别是日期、时间和温度，前两项通过获取日期/时间字符串产生，温度由"Simulate Temperature Acquisition.vi"子 VI 产生，运行结果显示的是温度和时间、日期等信息，显示在目标簇中。

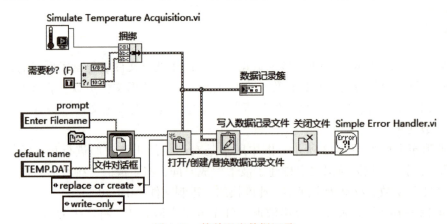

图 4-15 简单温度数据记录

"Simulate Temperature Acquisition.vi"用来产生一组模拟华氏温度的数据。此处引用的模拟温度子 VI 是 LabVIEW 自带的一个例程，每次调用该子 VI 时生成仿真数据值，仿真数据的重复周期为 100，其程序框图如图 4-16 所示。

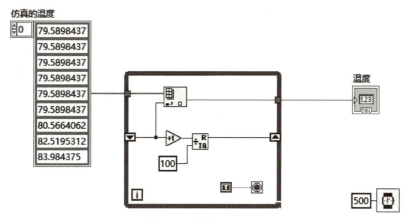

图 4-16　模拟温度子 VI

图 4-17 所示为例程"简单温度数据记录读取"，待读取的是图 4-15 产生的簇数据。该簇数据有 3 项，分别是日期、时间和温度，所以在"打开/创建/替换数据记录文件"函数的记录类型端需要将该输入端与匹配记录数据类型和簇顺序的簇连线；"拒绝访问"函数设置为只读模式；通过"读取数据记录文件"函数得到的结果是温度和时间、日期等信息，显示在数据记录簇中。

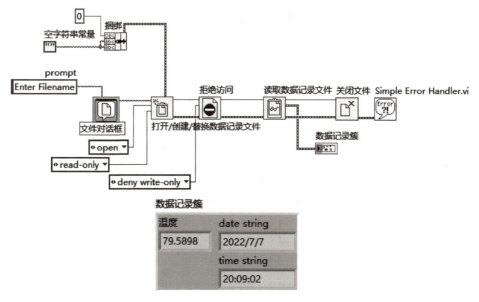

图 4-17　简单温度数据记录读取

任务 4.6　存取 TDMS 文件

TDMS 文件是 LabVIEW 特有的一种数据类型，它的全名是技术数据管理流（Technical Data Management Streaming，TDMS）。它是 NI 主推的一种二进制记录文件，兼顾了高速、易存取和方便等多种优势，能够在 NI 的各种数据分析或挖掘软件之间进行无缝交互，也能够提供一系列 API 函数供其他应用程序调用。这种文件采用的是只有 G 语言可以访问的二进制格式，是一种特定类型的 ASCII 文件。数据记录文件类似于数据库文件，因为它可以把不同的数据类型存储到同一个文件记录中。

TDMS 的逻辑结构分为 3 层，即文件（File）、通道组（Channel Groups）和通道（Channels），每一个层次上都可以附加特定的属性（Properties）。程序员可以非常方便地使用这 3 个逻辑层次来定义测试数据，也可以任意检索各个逻辑层次的数据，这使得数据检索是有序和方便存取的。

基于以下原因使用 TDMS 文件格式。
- 存储测试或测量数据。
- 为数据分组创建新的数据结构。如按通道、按通道组来存储数据。
- 存储数据的信息。如时间、通道信息。
- 高速读写数据。

图 4-18 所示为常用的 6 个 TDMS 存储的 API 函数，依旧包含了 TDMS 打开、TDMS 写入、TDMS 读取等。使用这几个 VI 可以组成 TDMS 文件存储程序。

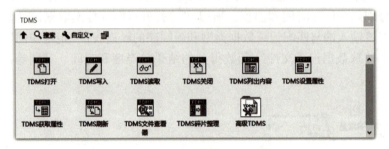

图 4-18 TDMS 存储 API 函数

下面通过两个实例介绍如何通过 TDMS 文件来存储和读取数据。

【例 4-1】 图 4-19 中的程序可以将随机数存入 "test1.tdms" 文件中，每隔 1 s 存一个数。

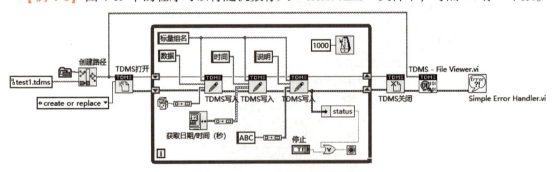

图 4-19 TDMS 文件存储随机数

保存程序并运行后，打开当前 VI 所在的文件夹，发现生成了类型分别为 "TDMS" 和 "TDMS_INDEX" 的两个文件，如图 4-20 所示。其中数据主要存储在 TDMS 文件中，TDMS_INDEX 文件用于信息索引。

双击 "test1.tdms" 文件，可以用 Excel 打开该文件，也可以用 LabVIEW 自带的 "TDMS 文件查看器" 查看该文件中存储的数据，如图 4-21 所示。

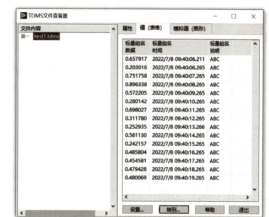

图 4-20 TDMS 存储文件

图 4-21 TDMS 文件查看器

【例 4-2】 如图 4-22 所示的程序选择性读取 "test1.tdms" 文件中的数据、时间。通过前面板的数组显示框，可以看到读取的数据与图 4-21 所示 "TDMS 文件查看器" 中的数据是一致的。

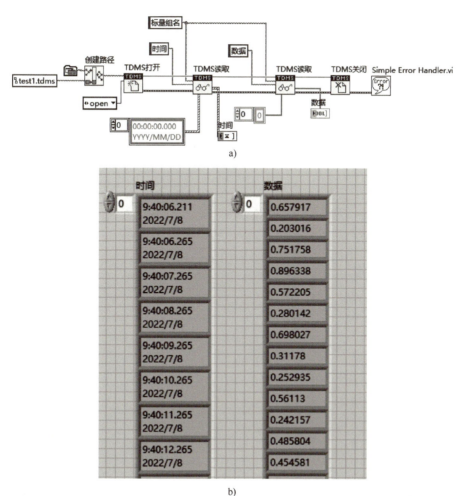

图 4-22 TDMS 文件读取
a）程序框图 b）前面板

4.7 思考题

1. 编写程序,要求产生 20 个 20±5 的随机数,并将其分别存储为文本文件、电子表格文件和二进制文件;然后编写另外的程序读取上述文件中的数据,并在前面板中显示出来。

2. 编写程序,要求模拟一个含有正弦波和方波的双通道波形,数据存储为波形文件,并要求文件中显示的存储时间为当前系统时间。

3. 设计一个 VI 来测量温度(温度用一个 20~40 的随机整数来代替),每隔 0.25 s 测一次,共测定 5 s。在数据采集过程中,VI 将在波形 Chart 上实时地显示测量结果。采集过程结束后,在 Graph 上画出温度数据曲线,并且把测量的温度值以文件的形式存盘。

存盘格式为

点数	时间/s	温度值/℃
1	0.25	78.2

4. 利用"Acquire Temperature Data Value(Simulated).vi",每 500 ms 采集一次温度,取当前温度和最后两次温度的平均值,显示波形,并同时把当前温度记录到一个文本文件中。

5. 从"信号处理"→"信号生成"子选板中选取"正弦波"和"均匀白噪声",分别得到正弦、噪声和余弦 3 种信号,显示在表格和波形图中,并通过写入电子表格文件把数据保存下来。

项目 5 典型虚拟仪器实验设备的使用

前面的项目介绍了虚拟仪器系统中的软件核心——LabVIEW，本项目介绍虚拟仪器软、硬件系统的构成。虚拟仪器系统相对于传统仪器系统，具备高灵活性、强扩展性、体积更小、速度更快和性价比更高的特点，因此在现代工业和科研中，得到了广泛的应用。而虚拟仪器体系具有这些特点的重要原因在于它依赖于一个完整的软、硬件系统架构。

在众多虚拟仪器技术的应用中，最具有代表性的就是虚拟仪器在测控方面的应用，在后面的项目中将介绍多个基于虚拟仪器测控系统的应用。对应不同的具体应用，虚拟仪器测控系统有着千差万别的表现形式。那么，系统的典型构成究竟是怎样的，每部分在系统中又担负着什么"责任"，在选择的时候需要进行哪些工程考量等。在开始后续具体的软、硬件结合测控项目之前，本项目将一一解决上述问题。

项目目标

知识目标

1. 了解虚拟仪器系统的体系结构。
2. 了解实验室常用虚拟仪器设备。
3. 了解虚拟仪器设备的内置仪器功能。
4. 熟练掌握测量 I/O 程序的组成及各部分功能。
5. 熟练掌握使用 LabVIEW 编写程序对 NI ELVIS Ⅲ 进行操作的方法。
6. 掌握使用 LabVIEW 编写简单测控程序对 NI myDAQ 和 NI myRIO 进行操作的方法。
7. 了解用 LabVIEW 编写程序和虚拟仪器设备的内置仪器进行系统设计的方法。

能力目标

1. 会使用虚拟仪器设备的内置仪器。
2. 会使用 LabVIEW 编写程序对 NI ELVIS Ⅲ 进行操作。
3. 会使用 LabVIEW 编写简单测控程序对 NI myDAQ 和 NI myRIO 进行操作。

素养目标

1. 具有良好的自主学习能力、探索精神，并主动获取新知识。
2. 具有分析问题、解决问题的能力。
3. 具有良好的实验习惯，操作规范，爱护实验设备，注意个人安全。
4. 具有正确的劳动价值观，养成良好的劳动习惯和品质。

任务 5.1 构建虚拟仪器测控系统

对于使用虚拟仪器技术构建的典型测控系统，从硬件层面通常把它分为**传感器/执行机构、数据采集模块化硬件/输出控制模块化硬件、总线平台以及系统处理器**（即通常所说的计算机）这 4 个部分。其中，**传感器**和**数据采集模块化硬件**负责测控应用中的测试测量部分，**执行机构**和**输出控制模块化硬件**负责测控应用中的输出控制部分，前者负责"测"，即输入；后者负责"控"，即输出。它们在信号链路上具有位置对等、方向相反的特性。在本项目中，以输入链路（即测试测量）为例来展开讨论，如果需要考虑输出控制部分，就需要将传感器替换为执行机构，数据采集硬件替换为输出控制硬件。

一个典型的虚拟仪器测试测量系统的构成如图 5-1 所示。其中的数据采集（Data Acquisition，DAQ）设备是计算机和外部信号之间的接口。它的主要功能是将输入的模拟信号数字化，使计算机可以进行解析。DAQ 设备用于测量信号的 3 个主要组成部分，即信号调理电路、模-数转换器（ADC）与计算机总线。很多 DAQ 设备还拥有实现测量系统和过程自动化的其他功能。例如，数-模转换器（DAC）输出模拟信号，数字 I/O 线输入和输出数字信号，计数器/定时器计量并生成数字脉冲。

图 5-1　一个典型的虚拟仪器测试测量系统的构成

传感器将自然界的各种信号转换成电信号后传递给 DAQ 设备，通常在信号传递给 DAQ 设备之前，还需要经由信号调理硬件将传感器输出的电信号进行必要的放大、衰减和隔离等处理，然后生成标准范围内的电压或电流模拟信号。工业中有很多 DAQ 设备已经集成了信号调理的功能，以便连接各种常用的工业传感器。被测信号在经过模-数转换后，将通过数字总线传送至系统控制器中进行后续的分析处理及显示。

为了构成完整的虚拟仪器测试测量系统，软件需要与硬件无缝协作，在保证系统可靠、有效工作的同时，应最大化系统的灵活性和扩展性。对于系统构建者而言，其中最重要的包括与硬件直接相关的驱动层软件以及与用户接口相关的应用层软件。驱动层软件保证系统硬件的正确安装及配置，应用层软件则肩负着数据分析、处理、显示和存储等重要任务。它们都被归纳在系统处理器这部分当中。在了解了系统软、硬件组成之后，下面就每个组成环节的重要工程设计进行逐一介绍。

5.1.1 选择传感器

在市场上有各种式样的传感器可供选择，用于测量各种类型的自然现象。面对多种多样的传感器，应该如何选择呢？本节对最常用的传感器进行分类和比较，涉及典型的自然现象的测量。

1. 温度

测量温度时最常用的传感器包括热电偶、热敏电阻和热电阻等。光纤传感器作为一种更加专用的手段，在温度测量中的应用也在日趋增加。

2. 应变

应变通常通过电阻式应变计来测量。这些应变片电阻通常附着在待测物的弯曲表面。应变片可以测量物体表面非常小的扭曲、弯曲和拉伸。当将多个电阻式应变片组合起来使用时，就组成了桥路。为了更灵敏地测量应变，可以使用较多数量的应变片。最多可以使用 4 个活动的应变片来组成一个惠斯通电桥，即全桥结构。也有半桥（两个活动的应变片）和 1/4 桥（一个活动的应变片）配置。所使用的应变片越多，测量读数就越准确。

3. 声音

传声器是用来测量声音的，在声音测量应用中有很多不同类型的传声器可供选择。

最常见的是电容式传声器，包括预极化（即传声器中内置电源）或外部极化类型。外部极化电容式传声器需要额外的电源，这将增加项目成本。在潮湿的环境下，电源中的元器件可能会被损坏，此时预极化传声器是首选；在高温环境下，外部极化电容式传声器则是首选。

坚固的压电式传声器通常用于冲击和爆炸压力测量。这种耐用的传声器可以测量高振幅（分贝）的压力。其缺点是，通常会引入较高的噪声。

驻极体体积很小，非常适用于高频的声音测量，被用在全世界范围内成千上万的计算机和电子设备当中。它们相对便宜，唯一的缺点就是不能测量低音。此外，还有碳传声器，在目前已不再广泛使用，只用在对声音质量要求不高的场合。

4. 位置和位移

有许多不同类型的位置传感器。在选择位置传感器时的主导因素是，是否需要激励、滤波，对环境的敏感度以及采用间接观察还是直接物理接触的方式来测量距离等。与压力或载荷传感器不同，在选择位置传感器时没有一个固定的准则。位置测量传感器的应用由来已久，使用者的偏好和具体应用的需求都会影响传感器类型的选择。

霍尔效应传感器监测目标对象是通过按一个按钮来确定此对象是否出现。它在目标对象触摸按钮时表现为"开"，当目标对象在其他位置时表现为"关"。霍尔效应传感器已被应用于键盘，甚至应用在拳击比赛机器人上，来判断是否受到了对方的打击。当按钮为"关"时，该传感器无法提供目标对象究竟距离有多近，因此它适用于那些不需要非常详细位置信息的场合。

电位器使用一个滑动接触来生成一个可调的电压分压，从而测量目标对象的位置。电位器对与其连接的待测系统来说会产生一些轻微的阻力，这是无法避免的。电位器相对于那些精确的位置传感器来说，价格比较便宜。

另一种常用的位置传感器是光电编码器，它可以是线性的或旋转的。这种传感器能够测量运动速度、方向和位置，且速度快、精度高。顾名思义，光电编码器使用光来确定位置，通过一系列的栅格将待测的距离进行细分。栅格数目越多，精度越高。某些旋转光学编码器可以有多达 30 000 个栅格，从而实现极高的精度。此外，光电编码器响应速度快，是许多运动控制应用的理想选择。那些与待测系统有直接物理接触的传感器，如电位器，会对待测系统部件的运动产生些许的阻力，而编码器在运动时几乎不产生任何摩擦，且重量很小；但在恶劣或尘土飞扬的环境中使用编码器时，必须将其密封，这将增加成本。此外，在高精度位移测量应用中，光电编码器需要自己的轴承，以避免轴不对中的问题，这也会进一步增加成本。

5.1.2 选择数据采集硬件

当选取了适当的传感器并成功地将自然界信号转化为电信号之后，接下来在构建整个测试测量虚拟仪器系统的过程中，非常关键的一步就是选择配套的数据采集（DAQ）硬件以及对应的仪器总线。面对业界众多的 DAQ 设备，如何针对当前的虚拟仪器应用选择最合适的一款？本节将通过考虑下面 5 个重要问题来进行解答。

1. 需要测量或者生成信号的类型

对于不同类型的信号需要使用不同的测量或生成方式。传感器能够将物理现象转化为可测量的电信号，如电压或电流；也可以接收一个可测量的电信号，从而产生一个物理现象。在选择 DAQ 设备时，一定要了解信号类型和相应的属性，只有这样才能恰当选择 DAQ 设备。

DAQ 设备的功能大致可以分为以下 4 类，即模拟输入，用于测量模拟信号；模拟输出，用于输出模拟信号；数字输入/输出，用于测量和生成数字信号；计数器/定时器，用于对数字事件进行计数或产生数字脉冲/信号。有些 DAQ 设备仅拥有这些功能中的一种，而多功能 DAQ 设备则可以实现所有上述功能。一般来讲，DAQ 设备通常对于某一功能只提供固定数量的通道，比如模拟输入、模拟输出、数字输入/输出以及计数器等；因此，在考虑选择设备时，需要在当前所需通道数的基础上再预留一些，这样就可在必要时进行更多通道的数据采集。多功能 DAQ 设备同样也仅有固定数量的通道，但是其功能涵盖模拟输入、模拟输出、数字输入/输出和计数器。多功能 DAQ 设备可以支持不同类型的 I/O，以适应多种应用的需要，这是单一功能的 DAQ 设备所不具备的。

除此之外，还可以选择一种模块化的平台，自定义虚拟仪器应用的具体要求。模块化系统通常包括一个机箱，用于控制定时和同步信号，并控制各种 I/O 模块。模块化系统的优点是，能够选择不同的模块，每个模块实现其独特的功能，从而可以实现更灵活的配置方式。使用这种方式所构建的系统，其中某个单一功能模块的精度相对于多功能 DAQ 模块更高。另一个优点是，可以根据需要选择插槽数量合适的机箱。一个机箱的插槽数量是固定的，因此在选择机箱时，可以在当前所需插槽数的基础上再预留一些，以备未来扩展之用。

2. 虚拟仪器的应用是否需要信号调理

一个典型的通用 DAQ 设备可以测量或生成 $-5\sim +5\,\mathrm{V}$ 或 $-10\sim +10\,\mathrm{V}$ 的信号。而对于某些传感器所产生的信号，若直接使用 DAQ 设备进行测量或生成，则可能比较困难或会有危险。因此，大多数传感器需要对信号进行诸如放大或滤波等类似的调理措施，才能使得 DAQ 设备有效、准确地测量信号。例如，对热电偶的输出信号通常需要放大，才能够使得模-数转换器（ADC）的量程得到充分利用。此外，热电偶测得的信号还可以通过低通滤波消除高频噪声，从而改善信号质量。信号调理所带来的好处是单纯的 DAQ 系统所无法比拟的，它提高了 DAQ 系统本身的性能和测量精度。

可以在现有 DAQ 硬件设备的基础上选择添加外部信号调理措施，或选择使用具有内置信号调理功能的 DAQ 设备。许多 DAQ 设备还包括针对某些特定传感器的内置接口，以方便传感器的集成，在这种情况下，就能够做到传感器与 DAQ 设备即插即用，十分便捷。

3. 虚拟仪器采集或生成信号需要的速度

对于 DAQ 设备来说，最重要的参数指标之一就是采样率，即 DAQ 设备的 ADC 采样速率。

典型的采样率（无论硬件定时或软件定时）均可达到 2 MS/s。在决定设备的采样率时，需要考虑应用中所需采集或生产信号的最高频率成分。奈奎斯特（Nyquist）定理指出，只要将采样率设定为信号中所感兴趣的最高频率分量的两倍，就可以准确地重建信号。然而，在实际工程应用中，至少应以最高频率分量的 10 倍作为采样频率才能正确地表示原信号，即选择一个采样率至少是信号最高频率分量 10 倍的 DAQ 设备，就可以确保精确地测量或者生成信号。例如，假设需要测量的正弦波频率为 1 kHz，根据奈奎斯特（Nyquist）定理，至少需要以 2 kHz 进行信号采集。然而，工程师们通常会使用 10 kHz 的采样频率，从而更加精确地测量或生成信号。图 5-2 所示为对一个频率为 1 kHz 的正弦波分别以 2 kHz 和 10 kHz 采样频率采样时的结果比较。

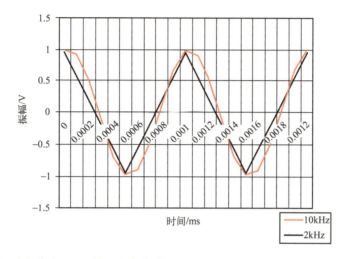

图 5-2　对一个频率为 1 kHz 的正弦波分别以 2 kHz 和 10 kHz 采样频率采样时的结果比较

一旦确定了所要测量或生成的信号的最高频率分量，就可以选择一个具有合适采样频率的 DAQ 设备了。

4. 虚拟仪器应用需要识别的信号中的最小变化

信号中可识别的最小变化决定了 DAQ 设备所需的分辨率。分辨率是指 ADC 可以用来表示一个信号的二进制数的位数。对一个正弦波通过不同分辨率的 ADC 进行采集后，所表示的效果会不同，图 5-3 所示比较了 ADC 使用 3 位分辨率与 16 位分辨率来表示一个正弦波的情况。一个 3 位 ADC 可以表示 8（2^3）个离散的电压值，而一个 16 位 ADC 可以表示 65 536（2^{16}）个离散的电压值。对于一个正弦波来说，使用 3 位分辨率所表示的波形看起来更像一个阶梯波，而使用 16 位分辨率所表示的波形则更像一个正弦波。

典型 DAQ 设备的电压范围为 $-5\sim +5$ V 或 $-10\sim +10$ V。在此范围内，电压值将均匀分布，从而可以充分地利用 ADC 的分辨率。例如，一个具有 $-10\sim +10$ V 电压范围和 12 位分辨率（2^{12} 或 4 096 个均匀分布的电压值）的 DAQ 设备，可以识别 5 mV 的电压变化；而一个具有 16 位分辨率（2^{16} 或 65 536 个均匀分布的电压值）的 DAQ 设备则可以识别到 300 μV 电压的变化。大多数应用都可以使用具有 12 位、16 位或 18 位分辨率 ADC 的设备。然而，如果测量传感器的电压有大有小，则需要使用具有 24 位分辨率的动态信号分析数据采集（DSA）设备。电压范围和分辨率是选择合适的数据采集设备时所需考虑的重要因素。

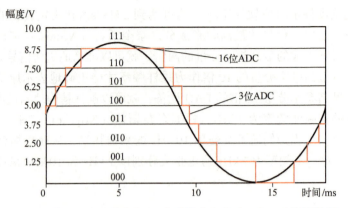

图 5-3　使用 3 位分辨率与 16 位分辨率来表示一个正弦波的情况

5. 虚拟仪器测量应用能够允许的误差

精度是衡量一个仪器能否忠实地表示待测信号的性能指标。这个指标与分辨率无关,然而精度大小却又绝不会超过其自身的分辨率大小。确定测量精度的方式取决于测量装置的类型。一个理想的仪器总是能够百分之百地测得真实值;然而在现实中,仪器所给出的值是带有一定不确定度的,不确定度的大小由仪器的制造商给出,它取决于许多因素,如系统噪声、增益误差、偏移误差和非线性等。制造商通常使用的一个参数指标是绝对精度,它表征 DAQ 设备在一个特定范围内所能给出的最大误差。例如,对于美国国家仪器(NI)公司的 NI PCI-6221 设备,计算绝对精度的方法如下:

$$绝对精度 = 读值 \times 增益误差 + 电压范围 \times 偏移误差 + 噪声不确定度$$

以 NI PCI-6221 数据采集卡作为例子,它在 10V 这个电压采集范围进行工作时可计算出

$$绝对精度 = 10\,V \times (增益误差) + 10\,V \times (偏移误差) + 噪声不确定度 = 3\,100\,\mu V$$

其中:

增益误差 = 残余 AI 增益误差 + 增益温度系数 × (自上一次内部校准后的温度变化值) + 参考温度系数 × (自上一次外部校准后的温度变化值)

偏移误差 = 残余 AI 偏移误差 + 偏移温度系数 × (自上一次内部校准后的温度变化值) + INL 误差

噪声不确定度 = 随机噪声 × $3/(100)^{1/2}$

以上所有的相关系数都能从数据采集卡的数据手册中找到,如在数据手册中就给出了 NI PCI-6221 数据采集卡的相关系数。

值得注意的是,一个仪器的精度不仅取决于仪器本身,而且取决于被测信号的类型。如果被测信号的噪声很大,则会对测量的精度产生不利的影响。市场上的 DAQ 设备种类繁多,精度和价格各异。有些设备可提供自校准、隔离等电路来提高精度。一个普通的 DAQ 设备所达到的绝对精度可能超过 100 mV,而更高性能的设备绝对精度甚至可能达到 1 mV。一旦确定了应用中所需的精度要求,就可以选择一个具有合适绝对精度的 DAQ 设备。

5.1.3　选择仪器总线

每种总线在吞吐量、延迟、便携性或离主机的距离等方面具有各自的优势。事实上,在选择数据采集硬件设备的时候,应该已经会将适当的仪器总线考虑在内了。例如前面介绍过

PCI-6221的数据采集精度，当考虑采用这块板卡时，PCI 总线就已经成为将会选择的总线对象。本节将探讨最常见的 PCI 总线选型，并从技术方面分析需要考虑的因素，应注意如下几个问题。

1. 经过该总线的数据量

所有的 PCI 总线在一定的时间内可以传输的数据量都是有限的，这就是总线带宽，往往以兆字节每秒（MB/s）表示。如果动态波形测量对应用十分重要，就一定要考虑使用有足够带宽的总线。根据选择的总线，总带宽可以在多个设备之间共享，或只能专用于某些设备。例如，PCI 总线的理论带宽为 132 MB/s，计算机中的所有 PCI 板卡共享带宽；千兆以太网提供 125 MB/s 的带宽，子网或网络上的设备共享带宽。提供专用带宽的总线，如 PCI Express 和 PXI Express，在每台设备上可提供最大数据吞吐量。当进行波形测量时，采样率和分辨率需要基于信号变化的速度来设置。可以记录每个采样的字节数（向下一个字节取整），乘以采样速度，再乘以通道的数量，计算出所需的最小带宽。例如，一个 16 位设备（2 B）以 4 MS/s 的速度采样，4 个通道上的总带宽为

$$2\,B \times 4M\,采样/s \times 4\,通道 = 32\,MB/s$$

总线带宽需要能够支持数据采集的速度，需要注意的是，实际的系统带宽低于理论总线限制。实际观察到的带宽取决于系统中设备的数量以及额外的总线载荷。如果需要在很多通道上传输大量的数据，带宽就是选择 DAQ 总线时最重要的考虑因素。

2. 对单点 I/O 的要求

需要单点读写的应用程序往往取决于需要立即和持续更新的 I/O 值。由于总线架构在软、硬件中实现的方式不同，所以对单点 I/O 的要求可能是选择总线的决定性因素。总线延迟是 I/O 的响应时间。它是调用驱动软件函数和更新 I/O 实际硬件值之间的时间延迟。根据选择总线的不同，延迟可以从不足 1 μs 到几十 ms。例如，在一个比例积分微分（PID）控制系统中，总线延迟可以直接影响控制回路的最快速度。影响单点 I/O 应用的另一个重要因素是确定性，也就是衡量 I/O 能够按时完成测量的持续性。与 I/O 通信时，延迟相同的总线比有不同响应的总线确定性要强。确定性对于控制应用十分重要，因为它直接影响控制回路的稳定性。许多控制算法的设计期望就是控制回路总是以恒定速率执行。预期速率产生任何的偏差，都会降低整个控制系统的有效性和稳定性。因此，当实现闭环控制应用时，应该避免选用高延迟、确定性差的总线，如无线、以太网或 USB。软件在总线的延迟和确定性方面起着重要的作用。支持实时操作系统的总线和软件驱动提供了最佳的确定性，因此也能给出最高的性能。一般情况下，对于低延迟的单点 I/O 应用来说，PCI Express 和 PXI Express 等内部总线比 USB 或无线等外部总线更好。

3. 是否需要同步多个设备

许多测量系统都有复杂的同步需求，包括同步数百个输入通道和多种类型的仪器。例如，一个激励—响应系统可能需要输出通道与输入通道共享相同的采样时钟和触发信号，使 I/O 信号具有相关性，从而可以更好地分析结果。不同总线上的 DAQ 设备提供不同的方式来实现同步。多个设备同步测量的最简单方法就是共享时钟和触发。许多 DAQ 设备提供可编程数字通道用于导入和导出时钟和触发。有些设备甚至还提供专用的 BNC 接头（注：一种用于同轴电缆的连接器。全称为 Bayonet Nut Connector，又称为 British Naval Connector）触发线。这些外部触发线在 USB 和以太网设备上十分常见，因为这些 DAQ 硬件处于计算机

的机箱外部。不过，某些总线内置有额外的时钟和触发线，使得多设备的同步变得非常容易。PCI 和 PCI Express 板卡提供实时系统集成（RTSI）总线，由此桌面系统上的多块电路板可以在机箱内直接连接在一起。这就免除了额外通过前连接器连线的需要，简化了 I/O 连接。用于同步多个设备的最佳总线选件是 PXI 平台。PXI 是 PCI Extensions for Instrumentation 的简称，它是面向仪器系统的 PCI 扩展。PXI 结合了 PCI 的电气总线特性与 Compact PCI 的坚固性、模块化特性，发展成适合测试、测量与数据采集场合应用的机械、电气和软件规范，包括 PXI 和 PXI Express。这种开放式标准是专门为高性能同步和触发设计的，为同一机箱内同步 I/O 模块以及多机箱同步提供了多种选件。

4. 系统对便携性的要求

便携式计算平台使用的增加，为基于计算机的数据采集提供了许多新的方式。便携性是许多应用的一个重要部分，它也可能成为总线选择的首要考虑因素。例如，车载数据采集应用得益于结构紧凑、易于运输的硬件。对于 USB 和以太网等外部总线等，因为其快速的硬件安装以及与笔记本式计算机的兼容性，特别适用于便携式 DAQ 系统。由总线供电的 USB 设备不需要一个单独的电源供电，显得更加方便了。此外，使用无线数据传输总线也可提高便携性，当计算机保持不动时，测量硬件可以适当移动。

5. 计算机离测量物体的距离

数据采集应用场所不同，需要被测物体与计算机之间的距离也不相同。为了达到最佳的信号完整性和测量精度，应该尽可能地将 DAQ 硬件靠近信号源。但这对于大型的分布式测量系统（如结构健康监测或环境监测）来说是十分困难的。将长电缆跨过桥梁或工厂车间成本昂贵，还可能会引入噪声信号。解决这个问题的一个方案就是使用便携式计算平台，将整个系统移近信号源。借助于无线通信技术，完全移除计算机和测量硬件之间的物理连接，且可以采取分布式测量，将数据发送到一个集中地点。

根据以上 5 个方面的问题，在表 5-1 列出了大部分常用的基于应用需求的总线选择指南及美国国家仪器公司（NI）产品范例。

表 5-1 基于应用需求的总线选择指南及美国国家仪器公司（NI）产品范例

总线	带宽/(MB/s)	单点 I/O	多设备	便携性	分布式测量	范例
PCI	132（共享）	最好	更好	好	好	M 系列
PCI Express	250（每通道）	最好	更好	好	好	X 系列
PXI	132（共享）	最好	最好	更好	更好	M 系列
PXI Express	250（每通道）	最好	最好	更好	更好	X 系列
USB	60	更好	好	最好	更好	NI Compact DAQ
以太网	125（共享）	好	好	最好	最好	NI Compact DAQ
无线	6.75（每个 802.11g 通道）	好	好	最好	最好	无线 NI Compact DAQ

5.1.4 选择系统处理器

一旦选择好了数据采集设备及系统总线，就要选择合适的系统处理器。对于虚拟仪器应用系统，处理器通常就是计算机。计算机可以说是数据采集系统最关键的部分，它用来连接数据采集设备，通过运行软件来控制设备、分析测量数据及保存结果等，因此，计算机相比于传统的台式仪器系统更具灵活性。下面分析当为虚拟仪器测控系统选择计算机时所需考虑的因素。

1. 需要多大的处理能力

几乎每个计算机都具有 3 个影响数据管理能力的关键部件，即处理器、内存（RAM）和硬盘驱动器。处理器是计算机读取和执行命令的部分，可以将其看作计算机的大脑。大多数新型计算机的处理器是双核或四核的，这意味着计算机可以使用两个或更多的独立实际处理单元（称为内核）去读取和执行程序指令。一台计算机的处理能力还包括 RAM 容量大小、硬盘驱动器空间的多少以及处理器速度的快慢。更大的 RAM 容量可以提高运行速度，并能够同时运行更多的应用程序；更多的硬盘驱动器空间有能力存储更多的数据；更快的处理器能够更快地处理应用程序。总而言之，越快越好，而不同品牌的处理器速度可能不一样。如果需要分析或保存从应用获取的数据，那么处理能力就是选择计算机时考虑的关键因素。

2. 是否需要便携式的性能

如果要经常转换于不同的工作地点之间，那么便携性能是选择计算机时需要考虑的关键因素之一。例如，对于在现场实地测量然后返回实验室分析数据的情况，便携式计算机是必不可少的。当需要在不同地点进行监测时，便携式也是至关重要的性能。当评估计算机的便携性能时，考虑的关键因素是其尺寸大小及重量。谁也不想携带一个难以移动的笨重计算机来进行当前的工作。

3. 能够承受的计算机成本

预算几乎是每个应用项目都需要关心的问题，而计算机的成本很有可能占系统总体成本的一大部分。计算机性能和外观因素占据了计算机总成本的很大比例。在选择计算机时，需要在价格和性能之间折中考虑，越高性能的计算机成本越高。例如，一台具有快速处理能力的计算机显然会贵一些。那些满足工业应用规格，或者针对仪器应用进行过优化的计算机，能够用于构建坚固的测试平台，其成本也会较高。

4. 计算机需要的坚固程度

如果在一个极端的环境中部署监测应用，那么计算机的坚固性会是一个重要的因素。用于描述计算机坚固性的规格参数主要是指其操作环境条件。现有商用个人计算机的设计无法承受工业环境条件。例如，计算机的操作条件包括操作和储存温度、相对湿度以及最大操作和储存海拔。典型的规格参数是 50~95 ℉（操作稳定），-13~113 ℉（储存温度），10 000 m（操作海拔），15 000 m（储存海拔）。因此，性能规格参数超出上述指标的计算机即可认为是坚固的计算机。如果实际情况要求计算机具有坚固性，就需要对这些参数给予足够的重视。

5. 是否需要具备模块化特性的计算机

如果要考虑未来的应用拓展空间，或者正在同时进行多种应用的开发，那么计算机的模块化特性也是至关重要的。模块化特性是指一个系统组件能够被分离或重组的程度。如果想要很容易地在系统中替换模块或者修改应用的功能，那么拥有一个模块化系统是必不可少的。使用模块化计算机可以获得很高的灵活性，这样可以修改或调整系统的配置来满足特殊需求，而且在将来扩展应用或升级个别组件时也无需购买整个全新系统。对于使用模块化的系统，如果未来需要更大的存储空间，就可以选择安装一个新的硬盘系统；如果需要更高的采样率，就可以使用带有更快速模-数转换器的数据采集设备。虽然笔记本式计算机和上网本式计算机提供了便携性，但是它们集成度太高而很难更新配置。如果需要在满足当前应用的同时适应未来需求，那么模块化是一个重要的参数。

6. 是否需要实时的操作系统

当为数据采集应用选择计算机时，其操作系统的性能是要考虑的一个重要问题。到目前为止，最常见的通用操作系统是 Windows，但是数据采集和控制应用有时会要求更专业的操作系统。一个实时的操作系统能够进行更具确定性的操作，这就意味着应用可以根据精确的时间要求去执行。实时的操作系统具有执行的确定性，这是因为操作系统自身不会指定哪个进程在什么时间执行，而是由用户定义其执行的顺序和时间。这使得可以更大程度地控制测量应用，而且相比于不确定性的操作系统，能够以更快的速率执行。如果需要一个具有确定性的操作系统，那么就要相应地寻找满足这些要求的计算机。

表 5-2 给出了根据计算机 6 大重要性能来选择计算机的指南。

表 5-2　根据计算机 6 大重要性能来选择计算机的指南

性能	PXI 系统	台式机	工业计算机	笔记本式计算机
处理能力	最好	最好	更好	更好
操作系统兼容性	最好	最好	好	更好
模块性	最好	更好	更好	好
坚固性	更好	更好	最好	好
移动性	更好	好	好	最好
成本	好	更好	好	更好

5.1.5　选择仪器驱动

在选定了传感器、数据采集硬件、仪器总线和计算机之后，另一个非常容易忽视的虚拟仪器系统组成部分就是仪器的驱动程序。仪器的驱动程序作为硬件设备与应用层软件之间进行通信的关键层，在整个虚拟仪器测试测量系统中扮演着十分重要的角色。虽然硬件设备的指标和规格非常重要，但如果选择了不恰当的驱动软件，也将对整个系统的搭建以及未来系统运行的性能产生非常重大的影响。本节中将探讨如何评估适合的 DAQ 设备驱动软件。

1. 选择的驱动程序与操作系统是否兼容

针对不同的应用，可以根据某一方面的特定需求来选择满足相应条件的操作系统，常用的系统包括 Windows、Mac OS 以及 Linux。无论是哪个操作系统，它们都会有不同时间发布的新旧系统版本以及针对不同处理器经过优化的不同处理器版本。举例来说，Windows 操作系统从 Windows 7 到 Windows 11，分别有 32 位以及 64 位处理器的不同版本。而对于开源的 Linux 操作系统，则可以从众多不同的变体中进行选择，这些不同类型、不同版本号的 Linux 操作系统会在内核的基础上搭载不同的系统特性，但可能相互之间并不能相互兼容。因此，DAQ 设备的驱动程序通常无法支持每一个不同的操作系统。大多数业界所使用的 DAQ 驱动程序都会与 Windows 操作系统兼容，因为它在目前的工业现场使用最为普遍。然而，如果需要使用一种截然不同的操作系统，那么始终需要牢记的是，要在选择数据采集硬件之前确保它所对应的驱动程序能够适配所要选择的操作系统。

2. 选择的驱动程序与应用层软件能否完美集成

驱动程序与应用层软件之间的通信对于系统构建十分重要，它们之间的适配与集成程度的好坏决定了是否能够搭建出稳定可靠的虚拟仪器系统。对于每一个驱动程序来说其核心是一个库，通常就是一个动态链接库文件。这个库管理着与 DAQ 硬件设备的各种通信机制。一般来说，这个库会提供给用户用于适配不同编程语言的封装接口及配套文档。但在某些情况下，一些仪器驱动程序无法提供所熟悉语言对应的封装接口，甚至需要用户自己来手动编写对应的封装接口。这无非在降低系统可靠性的同时增加了额外工作量。对于系统构建者来说，最为理想的情况是，拿到的驱动程序内建在应用层软件当中，这就意味着，现成的硬件驱动程序将根据应用程序编程语言进行彻底重写，保证与适配硬件及应用程序无缝连接的同时，提供更为出色的系统性能。

3. 与驱动程序配套的使用文档

为了能够深入理解并优化设计系统驱动架构，与驱动程序相配套的使用文档就显得相当重要了。通常能够得到的配套文档包括用户手册、函数参考、版本注释、现有问题索引以及范例代码。如果选择的驱动程序所配套的文档不够全面，那么就需要花费大量的时间来试验其驱动代码的有效性及可靠性，而且无法避免一些细节错误与疏漏。因此，在选择驱动程序时同等重要的是了解其配套文档是否完整、组织是否合理、是否有技术人员负责维护等。最理想的情况是，文档中能够配套使用所熟悉的编程语言编写的范例程序代码，在这种情况下，可以很快地上手连接应用层软件与底层硬件设备，提高系统搭建的效率。

4. 选择的驱动程序是否包含了设置与诊断工具

除了完整专业的配套文档之外，另一个需要考量的问题是，这套驱动程序是否能够配套提供设置与诊断的工具来帮助快速搭建系统，并寻找可能存在的问题。通常称这样的工具为测试面板。借助于测试面板，能够在开始编写应用软件之前，有效地排除多方因素引入的错误，单纯地调用底层硬件资源来定位可能存在的驱动层问题。测试面板同时还能够提供设备校准工具，从而保证设备测量的准确度。其中，内含的传感器标定向导可以辅助设计人员轻松地将原始传感器电压信号值映射到具有现实物理意义的工程单位值。并非所有的 DAQ 驱动都包含了上述测试面板的功能。对设计者来说，显然在选择的时候需要充分考虑这部分的内容。

5. 选择的驱动程序是否能够适配其他同类型设备

对于当前应用来说，可能目前的驱动已经够用。但是考虑到未来可能需要扩展已有的 DAQ 系统构成，甚至将现有设备的规格指标进行升级。这时不得不考虑到系统更新时可能会碰到的驱动更改问题。一些 DAQ 的驱动程序是为特定的 DAQ 设备型号进行设计的，也就是说一款硬件设备对应了一套驱动程序库。在将设备更改之后，需要将对应的驱动程序库做对应的更改。这类驱动程序库可能从尺寸上来说比较小巧，但是对于设计者而言，其更新成本过于昂贵。对于当前日新月异的工业界而言，用户对于系统的需求更新周期越来越短，所以更希望能够找到一套驱动程序库，可以针对一系列或者一整套 DAQ 硬件设备进行适配。当更改系统硬件设备或者对现有系统进行适当设备扩展的时候，只需要最低程度地修改硬件设备号或者小幅度地修改现有的代码就能完成系统的升级工作。这将十分有利于节省系统升级的时间以及降低系统代码维护的成本。如果驱动程序库同时还提供了方便同步不同硬件规格产品的功能，那么将会进一步提升该驱动程序库的扩展特性。

5.1.6 选择系统应用开发软件

应用开发软件是现代虚拟仪器 DAQ 系统的核心之一，因此，选择一个能够满足系统应用需求并且随着系统升级可以轻松扩展的软件工具就显得十分重要。最差的情况是，仅仅因为旧代码不能再进一步扩展，而要使用新的应用开发软件重写所有的代码。在为 DAQ 系统选择最佳应用软件工具时，衡量标准应该取决于该软件工具能否满足需要达到的要求。

1. 软件是否足够灵活，以满足未来应用的需求

DAQ 软件工具涵盖了从可立即运行的执行程序（无须编程）到可完全由用户自定制的应用开发环境。尽管根据现有系统开发需求可以很容易地选择应用软件工具，但考虑这个工具如何随着系统的发展进行扩展和解决问题也十分重要。可立即执行的软件工具功能通常都是固定的，用于执行特定的测量或测试程序，硬件选择的范围十分有限。如果这类软件工具能够满足现有的系统需求，并且也不打算修改或扩展系统功能，那么它对于 DAQ 系统来说是一个不错的选择。这里需要考虑的就是，可立即执行的应用软件通常并不能轻易地进行扩展，将新功能整合到现有的 DAQ 系统中去。想要充分利用应用软件工具来满足当前的系统需求并且随着时间的推移能够进行扩展，应该选择一个可以创建自定义应用的开发环境。应用软件开发环境十分灵活，可以利用 DAQ 驱动程序进行编程，开发自定义用户界面（UI）和代码，从而完成想要的精确测量或测试程序。这里需要考虑的就是，需要预先花费时间来学习编程语言，并自己开发应用程序。虽然这样似乎会花费很长时间，但是一个优秀的软件开发环境提供了多种工具来帮助入门，其中包括在线和现场培训、入门范例、代码生成助手、共享代码和讨论难题的社区论坛，以及来自应用工程师或支持团队的帮助。

2. 需要多长时间来学习这个软件

每个人学习一款新软件所花费的时间不同，这取决于选择的软件工具的类型以及用于 DAQ 应用编程的编程语言。对于可立即执行的软件工具，学习起来最简单且最快，因为它们帮用户省略了具体的编程细节。当选择自定义 DAQ 系统时，应该确保有适当的资源来帮助自己快速学习软件工具。这些资源可以包括用户手册、帮助信息、网上社区和支持论坛。通常学习应用开发环境需要较长的时间，其中大部分时间都在学习开发环境内的编程语言。如果能够找到一个应用开发环境，并且非常熟悉其中的编程语言，就完全能够节省在一个新的应用开发环境中熟悉编程所需的时间。许多应用开发环境能够被集成，甚至在一个单一框架内可编译几种不同的语言。当评估应用开发环境需要学习新语言时，就应该考虑那些能够帮助专注于解决实际工程问题的编程环境，而不是编程语言的底层细节。学习基于文本的语言（如 ANSI C/C++）往往更具挑战性，因为所有语法和句法规则都很复杂，必须严格遵守才能成功地编译和运行代码。而像 NI LabVIEW 所提供的图形化编程语言，学习起来则较简单，因为程序实现更加直观，且编程方式与工程师思考的方式一致。ANSI C 代码与 LabVIEW 代码的直观比较如图 5-4 所示。

此外，还应该考虑应用软件中的学习资源，这些资源有助于开发人员在较短的时间内熟悉并使用新的软件工具。以下为一些针对软件工具的有用入门资源。

1）评估。一个免费的软件评估可以让人们进行充分的测试，从而确定该工具是否满足其应用的需要。

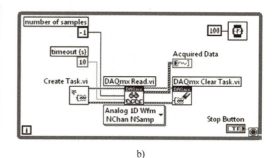

图 5-4　ANSI C 代码与 LabVIEW 代码的直观比较
a）ANSI C 代码　b）LabVIEW 代码

2）在线课程。在学习应用软件的基本概念时，在线教程、视频和白皮书可以提供有价值的帮助。

3）课堂指导。对于着手开发 DAQ 系统来说，应用软件的课堂教学是最完美的方式。课程的详细程度取决于教学设置的类型。

4）范例。好的范例设置拥有足够多的代码，可用于所有最为常见的 DAQ 应用。借助于这些范例，无须从头开始，通过简单的范例修改，就能满足系统开发的需求，从而节省时间。

3. 软件是否能够集成选择的驱动程序和其他高效辅助工具（分析、可视化和存储）

很多时候，开发人员认为现有的设备驱动程序足够用来将他们的测量设备集成到 DAQ 系统中去。他们往往忽略了驱动程序是如何与他们正在使用的应用软件进行集成，从而开发 DAQ 系统的。选择的驱动程序与软件工具相互兼容，且能成功地集成整个 DAQ 系统，这一点十分重要。DAQ 系统往往需要与系统和数据管理软件集成，来进行后续处理、分析或数据存储。需要确定的是，选择的应用软件提供了一种简单的方式来管理已经获得的数据。在测量系统中，分析工具十分常见。大多数用于数据采集的应用软件都通过信号操作工具或 API 提供了这些程序。需要确保应用软件中拥有当前系统所需的分析程序，否则就要学习两种环境（一个用于采集，另一个用于分析），同时还要在两个环境之间交换数据。可视化和数据存储经常在 DAQ 系统中同时出现。选择的应用软件应该能够简单地通过预定义的用户界面或可定制的用户界面，将获取的数据可视化，呈现给用户。此外，应用软件必须能够简单地与系统和数据管理软件集成，来存储大量的数据或各种测试。由于工程师经常需要存储数据，以便今后进行操作，所以应用软件应具备多种工具，以容纳广泛的存储和共享选项。这就为后期数据处理和生成用于合作的标准化专业报告提供了更大的灵活性。

4. 当遇到问题时，软件是否有社区资源可供使用

应用软件所处的生态系统同软件工具本身一样重要。一个健康的生态系统提供了丰富的资源，可以帮助人们轻松地学习新的软件工具，在开发自己的应用时可以给予指导与反馈。用户需要的是一个活动丰富的社区，其共享的信息涉及正在解决的问题。此外，用户应用软件的生态系统往往促进着未来的开发。应该检查应用软件的提供者是否满足其社区的需求，用户群是否可以提供反馈，引导软件未来功能的开发。

5. 软件是否有可靠和成功的应用案例

在为 DAQ 系统选择应用软件时，最后需要考虑的不是正式文档或功能特性，而是这个软件的口碑。浏览个人使用应用软件的成功案例分析，或者与那些在自己项目中使用该软件工具的人交流。外部软件开发公司的意见可以反映软件稳定和成功的真实的过往记录。选择那些受认可的、具有稳定性和长期性的应用软件,有助于确保系统的可重用和可扩展性,选择的软件环境也不会在短时间内过时。

通过综合考虑上述问题,不难发现,应用 LabVIEW 作为系统应用开发软件是不错的选择。更重要的是,不管选择哪种虚拟仪器设备,安装了设备驱动之后,编程的方式大体相同,学会任一种虚拟仪器设备操作的程序,都能很容易地对其他虚拟仪器设备进行编程操作。

基于虚拟仪器的测控程序大致包括开始、读/写、结束 3 个模块,如图 5-5 所示。

"开始"模块表示开始一个测量 I/O 过程。在不同的驱动软件中,名称可能不同。NI 的一些虚拟仪器设备驱动采用 NI-DAQmx,该模块名称为"创建虚拟通道";在 NI ELVIS Ⅲ 的驱动中,名称为"Open(打开)"。这个模块用来打开一个或多个通道的引用,可以是 AI、AO、DI、DO 等通道。在这个模块中,可以设置物理通道、I/O 信号的最大值或最小值、采样方式等。

"读/写"模块一般都要放在循环体里面,可循环执行读、写操作。"读"操作就是采集数据、"写"操作就是输出控制信号。

"结束"模块用来关闭物理通道的引用。还可以在后面放一个错误处理模块。图 5-6 是采用 NI-DAQmx 驱动软件的程序示例。

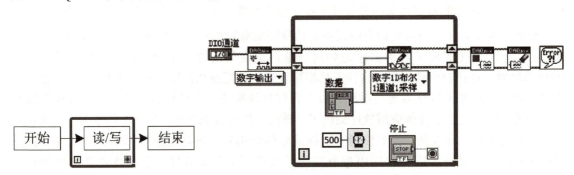

图 5-5 基于虚拟仪器的测控程序

图 5-6 采用 NI-DAQmx 驱动软件的程序示例

任务 5.2 认识几种虚拟仪器设备

虚拟仪器设备种类繁多,在各个应用领域,设备也各不相同。但是这些设备都有共同特点,主要是拥有标准的接口(比如 GPIB、PCI、PCIE、PXI、USB 等)、通用的上位机编程软件(比如 LabVIEW 等)。因此,只要学会一些设备的使用,当遇到其他设备时也很容易上手。本节主要介绍实验室和学生创新实践常用的虚拟仪器设备 NI ELVIS Ⅲ、NI myDAQ 和 NI myRIO。

5.2.1 NI ELVIS Ⅲ

NI(美国国家仪器公司)的 ELVIS Ⅲ 是一款基于互联网的跨学科工程教学实验解决方案,集成了多合一智能测量仪器、嵌入式设计以及互联网远程教学技术,服务于工程基础和综合系统设计教学。

NI ELVIS Ⅲ 多功能虚拟仪器教学平台如图 5-7 所示,它支持 WiFi、因特网、USB 等连接方式，支持从 Web 网页端访问设备仪器，提供仪器网页 SDK 开发包以及优秀国外名校线上教育资源，为虚拟仿真、基础电路等教学改革提供更多的可能性。

NI ELVIS Ⅲ平台内部集成了七合一仪器，图 5-7 的右侧是仪器的接口，分别是波特图仪、示波器、函数发生器、IV 分析仪、逻辑分析仪/信号发生器和数字万用表，并提供 2 通道可变电源。

NI ELVIS Ⅲ平台上可以安插 NI 的多种板卡。图 5-7 中安插的是一块多功能 I/O 板卡，具有开放可编程、I/O 测量和 FPGA 等功能，包含了 16 通道的模拟输入（AI）、4 通道模拟输出（AO）、±15 V 和 5 V 电源、40 通道数字输入/输出（DI/DO）。它们的接线端口布置在板卡的左右两边，使用的时候，选择左边或者右边都可以。在板卡的下边，布置了 8 个 LED、2 个按钮、2 个开关、3 个电位计、3 个测试点、音频输入和音频输出等。板卡的中间部分是 4 条通用的面包板，可以在上面搭建电路。

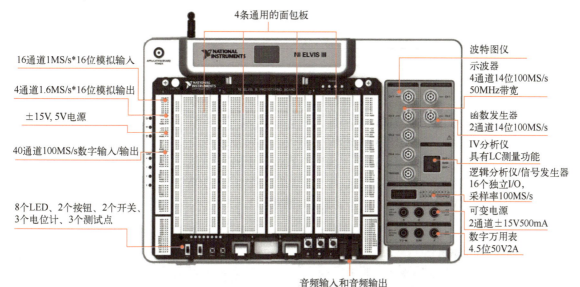

图 5-7　NI ELVIS Ⅲ多功能虚拟仪器教学平台

5.2.2　使用 NI ELVIS Ⅲ仪器

把 NI ELVIS Ⅲ接上电源，然后采用 USB 方式连接计算机，再把多功能 I/O 板卡安插在 ELVIS Ⅲ上。打开 ELVIS Ⅲ电源，该电源位于平台后面电源线接口旁边。然后再打开多功能 I/O 板卡的电源，该电源位于 ELVIS Ⅲ平台的左上方（APPLICATION BOARD POWER）。

打开电源后，会弹出一个"NI 设备监视器"窗口，如图 5-8 所示。在该窗口有"进行测量""开始编程""了解 NI ELVIS""配置及安装软件至 NI ELVIS"4 个选项，以及"不进行任何操作"项。可根据需要选择一个选项，单击其右侧的"开始"按钮即可进行相应的操作。

1. Measurements Live 介绍

1）单击"进行测量"选项后的"开始"按钮，打开如图 5-9 所示的页面。

> 注意：ELVIS Ⅲ的 Measurements Live 软面板是通过网页进行操作的，推荐使用"谷歌浏览器"或者苹果计算机的自带浏览器，否则可能显示不正确。如果打开的网页不是"谷歌浏览器"，就必须进行设置。设置方法是：在计算机桌面找到 Measurements Live 图标，右击该图标，选择打开方式为谷歌浏览器。

图 5-8 "NI 设备监视器"窗口

这里以谷歌极速浏览器为例，此页面上有 3 个选项："FIRST TIME HERE?"（首次使用）、"MEASURE"（测量）和"DEVICE SIMULATION"（设备仿真）。

在首次使用时可选择第一个选项"FIRST TIME HERE?"，这里有一些帮助信息和提示等，可以指导初学者进行学习；第三个选项"DEVICE SIMULATION"是设备仿真，在仿真时使用；第二个选项"MEASURE"，是进行测量时使用。

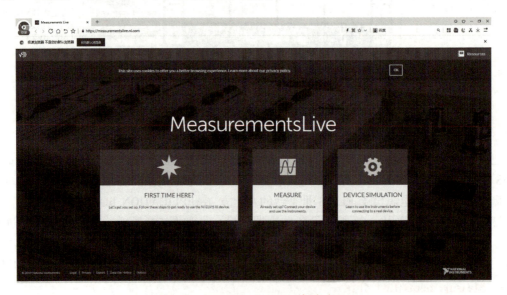

图 5-9 Measurements Live 首页页面

2）单击"MEASURE"时，进入管理设备连接页面，如图 5-10 所示。在该页面选择设备以哪种方式连接计算机。有两种方式：USB 和 Network。默认是 USB 方式连接，如图 5-10 中①所示。如果是以太网连接，单击"Network"，如图 5-10 中②所示。

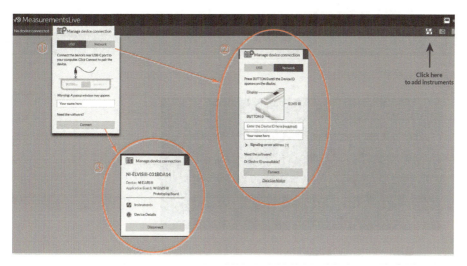

图 5-10 管理设备连接页面

这里采用的是"USB",单击"Connect"按钮,出现如图 5-10 中③所示界面,提示连接成功,并显示连接设备的型号等信息。如果想断开连接,单击"Disconnect"按钮即可。单击"Device Details"打开设备详情页面,可以看到设备的介绍,比如设备的 IP 地址、设备的一个序列号、板卡信息等。单击"Instruments"按钮,进入"函数发生器"页面,如图 5-11 所示。

图 5-11 "函数发生器"页面

3)单击左侧的仪器选择按钮 ,出现下拉列表,显示所有可用仪器,依次是示波器、函数和任意波形发生器、数据生成器、数字万用表、可调电源、波特图分析仪、IV 分析仪、逻辑分析仪、数字 I/O 和数据记录器。

4)选择信号发生器,出现信号发生器面板,如图 5-12 所示。要同时使用信号发生器和示波器时,则选择示波器和信号发生器。图 5-12 中左边是示波器面板、右边是信号发生器面板。

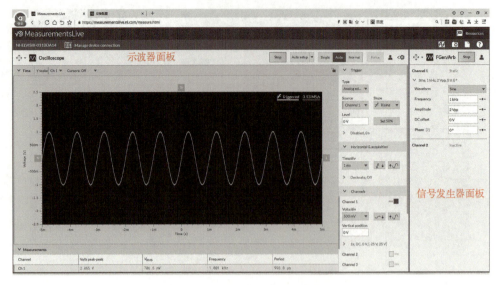

图 5-12　示波器面板和信号发生器面板

2. 信号生成和测量

进行信号生成和测量时，首先要进行硬件连接，如图 5-13 所示，左边是示波器的 4 个通道，右边是信号发生器的 2 个通道。选择示波器 1 通道和信号发生器 1 通道，用 2 个示波器探头将两个通道连接起来，那么由信号发生器 1 通道发出的信号，就通过探头送到示波器 1 通道进行显示。连接时注意，探头的 2 个红夹子夹在一起、2 个黑夹子夹在一起。

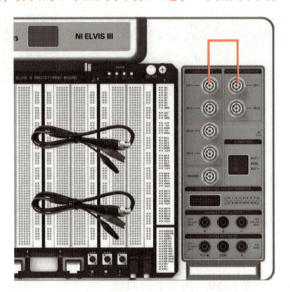

图 5-13　信号生成和测量硬件连接

硬件连接好之后，回到图 5-12 所示的页面，进行信号发生器和示波器的设置。

（1）信号发生器的设置

信号发生器默认使用"1 通道"（Channel 1），和硬件连接一致，不用修改。信号发生器产生的波形默认是"Sine, 1 kHz, 2 Vpp, 0 V, 0°"，表示信号为正弦波、频率 1 kHz、峰-峰值 2 V、直流偏移 0 V、相位角 0°。使用时可根据需要对这些参数进行修改，修改方式也比较简单,比如波形修改,在"Waveform"下拉列表中可以选择正弦波、三角波、方波、矩形波、锯齿波等;还可以修改频率(Frequency)和其他参数,可以输入数据,也可以拖拽右边的小滑块。

(2) 示波器的设置

示波器默认使用"1 通道"(Channel 1),和硬件连接一致,不用修改。根据信号频率 1 kHz,选择"Time/div"项横坐标每格 1 ms,那么一个格就能显示一个周期的波形。根据信号峰–峰值为 2 V,选择"Volts/div"项纵坐标每格 500 mV,垂直方向波形占 4 格。示波器的其他选项采用默认值。

这样设置好之后,单击信号发生器面板上的"Run",信号发生器开始工作,再单击示波器面板上的"运行"(Run),示波器就开始显示信号波形,见图 5-12 中的波形图显示。波形窗口的下边还显示了这个波形的实时数据。

5.2.3 NI myDAQ

NI myDAQ 是一种使用 NI LabVIEW 软件的低成本便携式数据采集(DAQ)设备,适用于电子设备和传感器测量,可使用它测量和分析实际信号。通过与计算机上的 NI LabVIEW 配合,可分析和处理获取的数据,并可随时随地控制简单的进程。NI myDAQ 的实物图如图 5-14 所示。

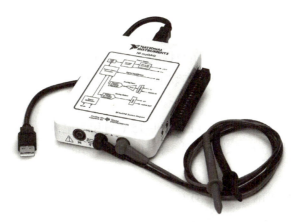

图 5-14 NI myDAQ 的实物图

NI myDAQ 的大小与手机相当,集成了 8 种常用的基本仪器:数字万用表、示波器、函数发生器、波特图仪、动态信号采集仪、任意信号发生器、数字输入、数字输出,具有 2 差分模拟输入、2 通道模拟输出、2 音频接口、8 个输入和输出,设备通过 USB 总线与计算机进行通信,并依靠 USB 总线进行供电。NI myDAQ 的端口如图 5-15 所示,下面对各个端口进行简单介绍。

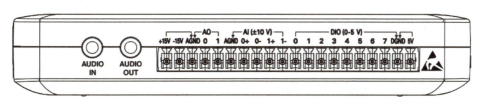

图 5-15 NI myDAQ 端口

图 5-15 中的侧面端口依次是：5 V、数字地 DGND、数字输入/输出：DIO0～DIO7；模拟输入通道：AI0 和 AI1 两对差分输入通道、模拟地 AGND；两个模拟输出 AO0 和 AO1、模拟地；−15 V 和+15 V。

1. 模拟输入（AI）

myDAQ 的两对模拟输入通道采用差分方式。其中，AI0+和 AI0−是一对差分输入端、AI1+和 AI1−是一对差分输入端。模拟输入通道可配置为通用高阻抗差分电压输入或音频输入。模拟输入为多路复用，即通过一个模−数转换器（ADC）对两个通道进行采样。在通用模式下，测量信号范围为±10 V。在音频模式下，两个通道分别表示左、右立体声信号输入。每个通道可被测量的模拟输入高达 200 kS/s，因此对于波形采集非常有用。模拟输入用于 NI ELVISmx 示波器、动态信号分析器和波特图分析仪。

2. 模拟输出（AO）

myDAQ 的两个模拟输出通道采用单端输出方式，输出信号的负极端是 AGND。模拟输出通道可配置为通用电压输出或音频输出。两个通道均可用作数−模转换器（DAC），因此可进行同步更新。在通用模式下，生成信号范围为±10 V。在音频模式下，两个通道分别表示左、右立体声信号输出。

模拟输出每通道可被更新至 200 kS/s，因此对于波形生成非常有用。模拟信号输出用于 NI ELVISmx 函数发生器、随机波形生成器和波特图分析仪灯。

3. 数字输入/输出（DIO）

myDAQ 带有 8 条 DIO 数据线。每条数据线为一个可编程函数接口（PFI），表示其可配置为通用软件定时数字输入或输出，或用作数字计数器的特殊函数输入或输出。

4. 电源

myDAQ 有 3 个可供使用的电源。+15 V 和−15 V 可用于电源模拟组件。例如，运算放大器和线性稳压器。+5 V 可用于电源数字组件。例如，逻辑设备等。

5. 音频接口

图 5-15 所示的 AUDIO IN 和 AUDIO OUT 是两个音频接口，一个是输入、一个是输出；插孔尺寸为 3.5 mm，可以连接话筒、音箱等。

5.2.4 使用 myDAQ 仪器

在使用 myDAQ 之前，需要安装 myDAQ 的驱动，配合使用 myDAQ 硬件和软面板（SFP）仪器，可实现基本仪器（如数字万用表、示波器、函数发生器等）功能。

把 myDAQ 连接到计算机上，myDAQ 接线口附近的蓝色 LED 灯亮，设备准备就绪。在计算机的"开始"菜单中，找到"National Instruments"目录下的"NI ELVISmx Instrument Launcher"，打开如图 5-16 所示的界面。NI ELVISmx 提供在 LabVIEW 中创建的软面板仪器和仪器的源代码。下面以数字万用表、函数发生器和示波器为例说明这些虚拟仪器的使用方法。

图 5-16 中，右上角的"Digital Multimeter"就是数字万用表，第二排的"Function Generator"是函数发生器、"Oscilloscope"是示波器。

项目5 典型虚拟仪器实验设备的使用

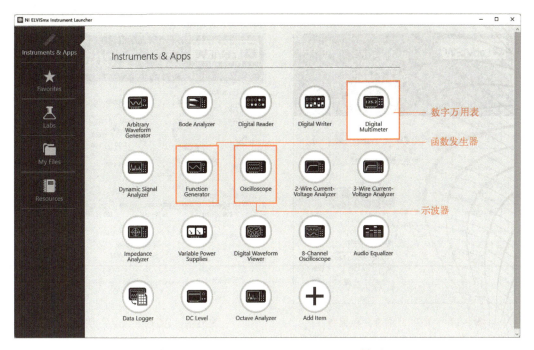

图 5-16 NI ELVISmx Instrument Launcher 界面

1. 数字万用表（DMM）

在 myDAQ 的侧面，有 3 个万用表接口，可插入标准的万用表表笔，使用方法与普通数字万用表相同。测量时，把黑表笔接中间黑色的 COM 端，当需要测量电流时，红表笔接右侧的 HI 端；当需要测量电压、电阻或二极管时，红表笔接左侧的 HI 端。

双击"Digital Multimeter"，打开"数字万用表"软面板，如图 5-17 所示。这个虚拟的数字万用表也和实际的数字万用表使用方法相同，可以进行电压测量（DC 和 AC）、电流测量（DC 和 AC）、电阻测量、二极管测试、音频连续性测试等。

2. 函数发生器（FGEN）

NI ELVISmx 的函数发生器有输出波形类型选择、幅值调整和频率设置等功能。此外，仪器提供 DC 偏置设置、频率扫描功能及幅值和频率调制。

双击图 5-16 所示的"Function Generator"选项，打开"函数发生器"软面板，如图 5-18 所示。由图中可见，函数发生器可以生成正弦波信号、三角波信号和方波信号，产生信号的频率范围是 0.2 Hz ~ 20 kHz。该信号发生器的信号输出端可以使用 myDAQ 端上的 AO0 或 AO1。

3. 示波器（Oscilloscope）

NI ELVISmx 示波器与实验室常用的标准桌面示波器功能相同。该虚拟示波器也是双踪示波器，有两个信号输入通道，使用 myDAQ 设备上的 AI0 和 AI1 作为信号输入端。双击"Oscilloscope"，打开"示波器"软面板，如图 5-19 所示。

4. 波形产生和测量示例

这是一个用"函数发生器"产生信号，用"示波器"测量信号的例子，操作步骤如下。

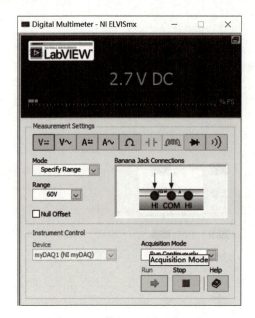
图 5-17 "数字万用表"软面板

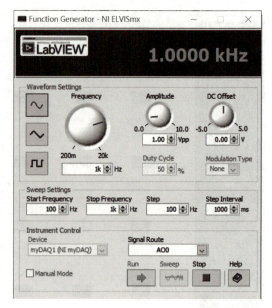
图 5-18 "函数发生器"软面板

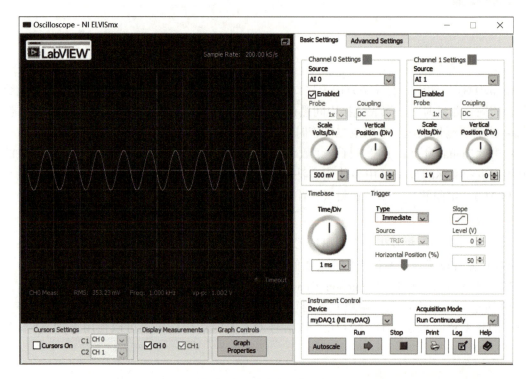
图 5-19 "示波器"软面板

1)将 NI myDAQ 设备通过 USB 总线与计算机相连,并确认蓝色指示灯亮。

2)将 NI myDAQ 端口上的 AO0(函数发生器的输出端)与 AI0+(示波器的信号输入正极端)用一根红色导线相连,将 AO 的 AGND 与 AI0-(示波器信号输入负极端)用一根黑色导线相连,如图 5-20 所示。

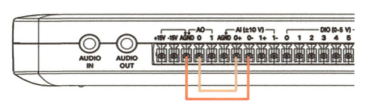

图 5-20 信号发生器与示波器软连接

3）打开 NI ELVISmx Instrument Launcher 界面，双击"Function Generator"，打开"函数发生器"软面板，再双击"Oscilloscope"，打开"示波器"软面板。

4）在"函数发生器"软面板上，按照 5-18 所示进行设置各参数。频率为 $f=1\,kHz$，信号的峰–峰值 Vpp = 1 V，其他参数采用默认值。设置好之后，单击"Run"按钮，运行信号发生器，就会在 AO0 通道输出信号。

5）在"示波器"软面板上，调整"Scale Volts/Div"为 500 mV，"Time/Div"为 1 ms，其他参数采用默认值。单击"Run"按钮，运行示波器，可清晰地观察到波形是幅度为 1 V、频率为 1 kHz 的正弦波，与函数发生器产生波形的参数一致，如图 5-19 所示。

6）信号发生器产生的波形默认为正弦波，可以单击其软面板左上端波形设置的图形符号，如三角波、方波，观察示波器的波形变化。

7）改变信号发生器产生信号的频率、幅值，观察示波器的波形变化。

NI myDAQ 配合使用 NI myDAQ 和软面板（SFP）仪器可实现多种功能，以上主要介绍了数字万用表、函数发生器、示波器等功能的实现，其接线简单、使用方便。

5.2.5 NI myRIO

NI myRIO 是 NI 针对教学应用而推出的嵌入式系统开发平台。NI myRIO 内嵌 XilinxZynq 芯片，使学生可以利用双核 ARMCortex-A9 的实时性能以及 XilinxFPGA 可定制化 I/O，学习从简单嵌入式系统开发到具有一定复杂度的系统设计。

NI myRIO 作为可重配置、可重使用的教学工具，在产品开发之初即确定了以下重要特点。

1）易于上手使用：引导性的安装和启动界面可使学生更快地熟悉操作，帮助学生学习众多工程概念，完成设计项目。

2）编程开发简单：通过实时应用、FPGA、内置 WiFi 功能，可以远程部署应用，无须远程计算机连接操作。3 个连接端口（两个 MXP 和一个与 NI myDAQ 接口相同的 MSP 端口）负责发送/接收来自传感器和电路的信号，以支持搭建的系统。

3）板载资源丰富：共有 40 条数字 I/O 线，支持 SPI、PWM 输出、正交编码器输入、UART 和 I2C，以及 8 个单端模拟输入、2 个差分模拟输入、4 个单端模拟输出和 2 个对地参考模拟输出，方便通过编程控制连接各种传感器及外围设备。

4）安全性：直流供电，供电范围为 6~16 V，并增设特别保护电路。

5）便携性：设备很小，方面携带，可以实现口袋实验室。

NI myRIO 上所有这些功能都已经在默认的 FPGA 配置中预设好，能使学生在较短时间内就可以独立开发一个完整的嵌入式工程项目应用，特别适合用于控制、机器人、机电一体化、测控等领域的课程设计或学生创新项目。当然，如果有其他方面的嵌入式系统开发应用或者一些系统级的设计应用，也可以用 NI myRIO（以下简称 myRIO）来实现。

图 5-21 所示为 NI myRIO 架构，包括 3 部分：处理器（Processor）、可重配置的现场可编程门阵列（FPGA）、模块化 I/O。借助这 3 部分的组合，可获得高性能 I/O 和前所未有的系统定时控制灵活性，从而快速开发自定义硬件电路。

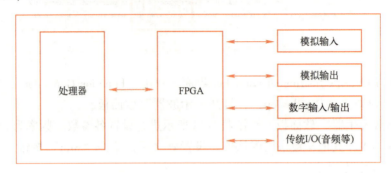

图 5-21　NI myRIO 架构

（1）处理器

处理器用于部署代码，以实现与 FPGA 等其他处理单元的通信、连接外围设备、记录数据以及运行应用程序。NI 提供各种结构的 RIO 硬件系统，包括基于 Microsoft Windows 操作系统且具有对称多处理（SMP）能力的高性能多核系统、NI Single-Board RIO 和 CompactRIO 等紧凑型实时嵌入式系统。

（2）FPGA

FPGA 是 RIO 硬件系统架构的核心。它用于帮助处理器分担密集型任务，具有极高的吞吐量，提供了确定性执行。FPGA 直接连接至 I/O 模块，可实现每个模块 I/O 电路的高性能访问、无限制定时、触发和同步灵活性。由于每个模块没有通过总线而是直接连接到 FPGA，因而相比其他工业控制器，该架构几乎不会有任何系统响应控制延迟。

由于 FPGA 的高速特性，RIO 硬件经常用于搭建集成了高速缓冲 I/O、超快速控制循环或自定义信号滤波的控制器系统。例如，借助 FPGA，Compact RIO 机箱能够以 100 kHz 的速率同时执行超过 20 个模拟 PID 控制循环。此外，由于 FPGA 在硬件上运行所有代码，因此它提供了高可靠性和确定性，非常适合用于基于硬件的互锁、自定义定时和触发，以及无须定制电路的传感器自定义。

（3）模块化 I/O

NI C 系列 I/O 模块包含隔离、转换电路、信号调理以及可与工业传感器/执行器直接连接的内置连接口。通过提供各种连线选项和将连接器接线盒集成到模块内，RIO 系统显著降低了对空间的需求和现场连线成本。

NI 针对嵌入式应用的图形化系统设计提供了完善的开发方案，帮助用户借助统一的软件平台 LabVIEW 有效实现系统的设计、原型与部署。借助 LabVIEW 图形化系统设计软件，可以开发处理器所需的应用程序、在 FPGA 上集成自定义测量电路，以及通过模块化 I/O 将处理器与 FPGA 无缝集成，从而构建完整的 RIO 解决方案。

5.2.6　NI myRIO 硬件规格及扩展外围 I/O

NI myRIO 分为 NI myRIO-1900 和 NI myRIO-1950 两种型号，两种型号的主要区别是 NI myRIO-1900 带有外壳，同时多一组 I/O 接口，并支持 WiFi 连接。NI myRIO-1900 概念图如

图 5-22 所示,以下以 NI myRIO-1900 为例进行具体介绍。

图 5-22 NI myRIO-1900 概念图

NI myRIO-1900 的核心芯片是 Xilinx Zynq-7010,该芯片集成了 667 MHz 双核 ARM Cortex-A9 处理器以及包含 28K 逻辑单元、80 个 DSP 数字信号处理分割单元、16 个 DMA 通道的 FPGA。此外,NI myRIO-1900 提供了丰富的外围 I/O 接口,包括 10 路模拟输入(AI)、6 路模拟输出(AO)、40 路数字输入与输出(DIO)、1 路立体声音频输入与 1 路立体声音频输出等。为方便调试和连接,NI myRIO-1900 还带有 4 个可编程控制的 LED,1 个可编程控制的按钮和 1 个板载三轴加速度传感器,并且可提供+/-15 V 和+5 V 电源输出。

NI myRIO-1900 内置 512 MB DDR3 内存和 256 MB 非易失存储器,此外,可通过 NI myRIO-1900 集成的 USB 口连接外部 USB 设备。NI myRIO-1900 可通过 USB 或 WiFi 方式与上位机相连接。如图 5-23 所示是 NI myRIO-1900 的外形图。

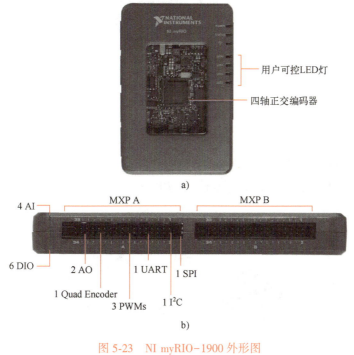

图 5-23 NI myRIO-1900 外形图
a)主视图 b)侧视图

通过 NI myRIO 的 I/O 接口进一步扩展外围电路，例如连接传感器、编码器、执行机构等。如果需要对电路进行仿真或布线，也可选择 NI Multisim 和 NI Ultiboard 软件完成。

NI 目前也提供了 3 种针对 NI myRIO 的可选外围套件，分别为基本套件、机电套件、嵌入式套件。

1）扩展外围 I/O 基本套件如图 5-24 所示，包括 LED、开关、七段译码显示器、电位计、热敏电阻、光敏电阻器、霍尔效应传感器、送话器、电池槽、直流马达等。

图 5-24　扩展外围 I/O 基本套件

2）扩展外围 I/O 机电套件如图 5-25 所示，包括直流电机/编码器、H 型逆变电路电机驱动器、加速度计、三轴陀螺仪、红外接近传感器、环境光传感器、超声测距传感器、罗盘、玩具伺服电机等。

图 5-25　扩展外围 I/O 机电套件

3）扩展外围 I/O 嵌入式套件如图 5-26 所示，包括 ID 读卡器、数字键盘、LED 阵列、数字电位计、字符显示 LCD、数字温度传感器、E^2PROM 等。

图 5-26　扩展外围 I/O 嵌入式套件

任务 5.3　简单的测量 I/O 程序设计

5.3.1　编写 ELVIS Ⅲ 操作程序

本节讲解用 LabVIEW 编写程序，实现测量 I/O 的方法，包括模拟量采集（AI）、模拟量输出（AO）、数字量采集（DI）和数字量输出（DO）。在使用之前，要先安装虚拟仪器设备的驱动。比如使用 ELVIS Ⅲ，就要安装 ELVIS Ⅲ 软件包；使用 myDAQ 就要安装 myDAQ 的驱动。ELVIS Ⅲ 软件包中包含多个软件，在实训室已经装好，这里对于安装过程不做介绍。

用设备自带的 USB 数据线把 ELVIS Ⅲ 接到计算机的 USB 接口，打开电源开关。然后在计算机上运行 LabVIEW，可以看到，在安装了 ELVIS Ⅲ 软件包之后，LabVIEW 开始界面中多了与 ELVIS Ⅲ 相关的信息。

1）单击"Create New Project"创建一个项目，弹出"创建项目—选择项目起始位置"对话框，如图 5-27 所示。

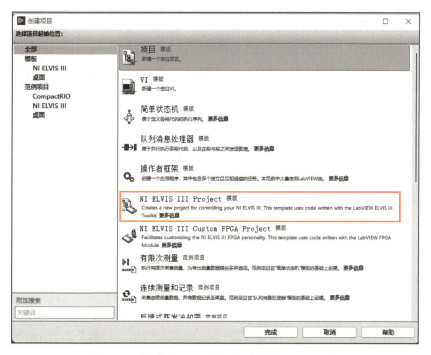

图 5-27　"创建项目—选择项目起始位置"对话框

2）选择"NI ELVIS Ⅲ Project 模板"，打开"配置新项目：NI ELVIS Ⅲ Project"对话框，如图 5-28 所示。在此处可以修改项目名称和项目保存路径。这里把项目名称命名为"ELVIS 练习"。ELVIS Ⅲ 与计算机之间的连接方式选择 USB，其他内容用到的时候再详细介绍。单击"完成"按钮，完成项目创建。

3）创建完项目后，弹出"ELVIS 练习"项目的浏览器，如图 5-29 所示。可以看到 NI-ELVIS Ⅲ＊＊＊项（该项后面的编号和 IP 各不相同，因此用星号表示），单击该项前面的加号"+"，展开列表，可以看到"Main.vi"，这是一个程序例子，双击打开该程序，如图 5-30 所示。

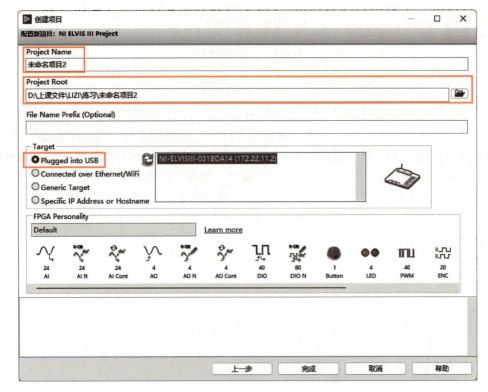

图 5-28　创建项目—配置新项目：NI ELVIS Ⅲ Project

图 5-29　"ELVIS 练习"项目的浏览器界面

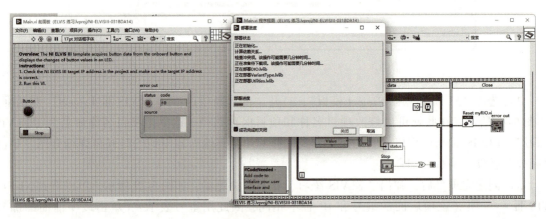

图 5-30　Main 程序

4）运行该程序，弹出对话框提示是否保存程序，注意一定都要保存，然后弹出"部署进度"对话框，显示正在部署的文件以及部署的进度。所谓的部署，就是把 LabVIEW 程序下装到 ELVIS Ⅲ 的过程，程序要在 ELVIS Ⅲ 上执行。部署完成后，程序就开始执行了。此时按下 ELVIS Ⅲ 左侧边上的白色按钮"BUTTON 0"，图 5-30 所示前面板左边的"Button"指示灯就会点亮，放开按钮指示灯熄灭。

5.3.2 数字量采集程序设计

在使用不同的虚拟仪器设备进行数字量采集（DI）时，程序编写方法基本相同，下面以 ELVIS Ⅲ 为例，进行介绍。

1）在"ELVIS 练习"项目浏览器窗口，右击"NI-ELVIS Ⅲ ＊＊＊"项，从弹出的快捷菜单中选择"新建"→"VI"，如图 5-31 所示。

2）在新建 VI 的程序框图中，打开"函数"选板，如图 5-32 所示。

图 5-31　在"ELVIS 练习"
项目中"新建"→"VI"

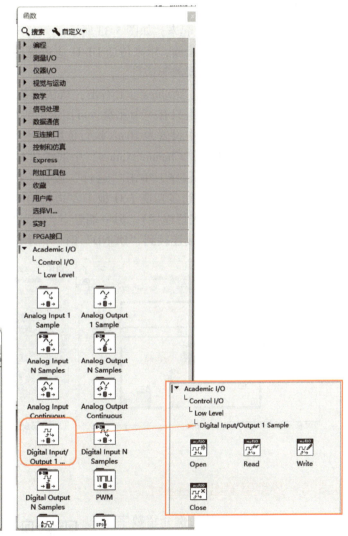

图 5-32　"函数"选板中的"Academic I/O"

"函数"选板中的"Academic I/O"就是编写对 ELVIS Ⅲ 操作所需要的模块。编写 DI/DO 程序,实现对数字量的采集和输出过程,要用到 Academic I/O →Control I/O→ Low Level→ Digital Input/Output 1 Sample 里面的"Open""Read""Write""Close"这 4 个节点。

- "Open"用来打开一个或多个数字 I/O 通道的引用,在进行数字量读取或写入之前必须执行该操作。在它的"Channel Names"输入端输入 I/O 通道地址。
- "Read"用来执行读取数字量。
- "Write"用来写数字量,即输出数字量。
- "Close"关闭一个或多个数字 I/O 通道的引用,将分配输出通道的逻辑电平设置为低,并禁用分配输出通道。

3)编写 DI 程序,首先选择"Open",然后在"Channel Names"输入端上右击,从快捷菜单中选择"数组输入"控件,放在前面板上,用来输入 I/O 地址。单击这个控件,在下拉列表里选择"A/DIO0"。

放置一个 While 循环,在循环里面放置"Read",进行连续读操作。在循环体右边放置"Close",然后把它们连接起来,如图 5-33 所示。

粉色这条数据线类型是簇,用来传递 DI/O 通道等信息,黄色这条数据线是错误簇,包含错误状态、错误代码、错误源等信息。

在"Read"的输出端"Values"上右击,从快捷菜单中选择"一维数组"控件,当进行一个数字量的读取时,数组只有一个元素,可用索引数组函数,把它变成一个元素。通常还要放一个等待函数,比如图中设置为 10 ms 执行依次循环。

在前面板的物理通道"Channel Names"中选择"A/DIO0"。

编好程序之后,保存程序,单击"运行"按钮,把程序部署到设备上,就可以运行了。运行时,用一根导线连接到多功能 I/O 板卡左边的 DIO0 端上(如果物理通道选择 B/DIO0,就要选择右侧的 DIO0 端进行连接),另一端悬空,表示在 DIO0 端输入高电平,前面板上的指示灯点亮;把导线的另一端连接到"DGND"时,指示灯熄灭。

 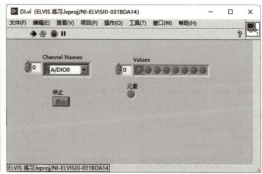

图 5-33 DI 程序

5.3.3 数字量输出程序设计

这里也以 ELVIS Ⅲ 为例介绍数字量输出(DO)程序编写。

5.3.3 数字量输出程序设计—DO(单通道)程序设计

5.3.3 数字量输出程序设计—DO(多通道)程序设计

1. DO 程序设计

1)编写 DO 程序的方法与 DI 程序类似,只需要把"Read"替换成"Write"即可,如图 5-34 所示。

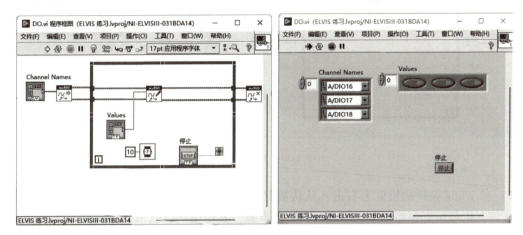

图 5-34　DO 程序

2)在"Write"的输入数据端,创建一个输入控件,该控件是开关数组,拖拽出 3 个元素。然后也把 DIO 通道数组拖拽成 3 个成员,分别设置地址。

3)选择多功能 I/O 板卡左侧的 DIO16、DIO17 和 DIO18 作为数字量的输出通道。在多功能 I/O 板卡上,把这 3 个通道分别连接到 LED0、LED1、LED2 端,如图 5-35 所示。

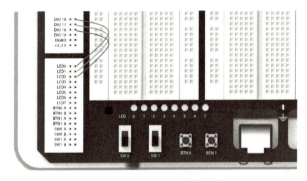

图 5-35　DO 过程的硬件连接

LED0~LED7 这 8 个端口对应板子下方的 LED0~LED7 这 8 个发光二极管。

4)保存程序后进行部署,然后运行程序。在 VI 前面板操作开关,观察板子下方 LED 发光二极管的变化:打开前面板的开关时灯亮、关闭开关时灯熄灭。

2. 流水灯程序设计

流水灯程序与 DO 程序类似,也是 DO 过程。用多功能 I/O 板卡上自带的 LED0、LED1、LED2、LED3 这 4 个发光二极管作为被控制的指示灯,设计程序,实现流水灯功能。

5.3.3　数字量输出程序设计—流水灯程序设计

流水灯程序如图 5-36 所示。图中"Write"数据输入端要求输入一维布尔量数组。要实现顺序点亮指示灯,就需要该数组中的元素只有一个是"T",其他 3 个是"F","T"在数组中循环移动。下面用移位寄存器来实现这个功能。

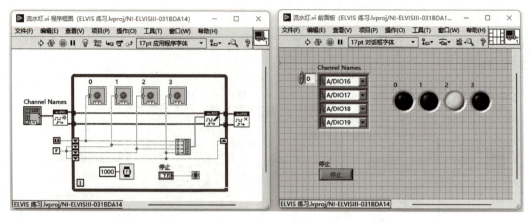

图 5-36　流水灯程序

1）在 While 循环的边框上右击，从快捷菜单中选择"添加移位寄存器"，在边框左边拖拽成 4 位。把移位寄存器的每一位进行初始化设置，其中第一位赋值一个真常量 T，其余为假常量 F。

2）把移位寄存器的 4 位数据用"创建数组"函数组成一个一维数组，然后连接到"Write"的数据输入端。再放置一个"等待 ms"，等待时间可以设置为 1000 ms，这样每循环一次用时 1 s，每盏灯亮 1 s，便于观察，如果等待时间太短，则肉眼不能分辨灯的变化。

要想在前面板也能观察到指示灯的变化，可以在前面板放置 4 个指示灯，然后给它们编号，也可以修改指示灯的颜色。在程序框图中，把指示灯分别连接到移位寄存器的 4 位输出端上。

3）程序编好之后，要进行硬件连接，参照图 5-35 的连接方式，把板卡左侧的 DIO16~DIO19 与 LED0~LED3 对应连接。再在 VI 的前面板设置 DIO 通道，根据硬件连接，DIO 通道选择 A/DIO16~A/DIO19。

4）保存程序后进行部署，然后运行程序，观察前面板上的指示灯和多功能板卡上指示灯的变化。

5.3.4　模拟量采集程序设计

在模拟量采集（AI）程序设计内容中，介绍 AI 单采样程序（Analog Input 1 Samples）设计和 AI 多采样程序（Analog Input N Samples）设计。

1. AI 单采样程序设计

AI 程序如图 5-37 所示。

1）在"函数"选板找到"Academic I/O"→"Control I/O"→"Low Level"→"Analog Input 1 Sample"，把"Open""Read""Close"都放在程序框图中，把它们连接起来，再在"Read"外放一个 While 循环，循环条件端上创建输入控件，放一个"停止"按钮。

2）图 5-37 中"Open"模块的下方有两个端口，分别是最大值和最小值设置端，这里使用默认值+10 V 和 -10 V，在它的通道名称端口右击，从快捷菜单中创建输入控件，用来放置 AI 通道地址。

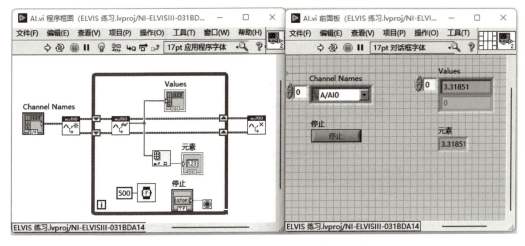

图 5-37 AI 单采样程序

3）在"Read"的输出端创建显示控件，用来显示测量的数据。它的数据类型是 DBL（一维数组），由于是单采样，数组中只有 1 个元素，可以用"索引数组"函数把该元素提取出来显示成标量数据。图中放置等待函数，等待时间设置为 500 ms，实现每 0.5 s 采集一次。

模拟采集有单端输入和差分输入两种连接方式，单端输入占用一个 AI 通道和一个 AGND；差分方式输入占用两个 AI 通道，其中，AI0 和 AI4 是一对 AI 差分通道，AI0 是输入信号的正极端、AI4 是输入信号的负极端。以此类推，AI1 和 AI5 是一对、AI2 和 AI6 是一对、AI3 和 AI7 是一对。

4）在前面板的"Channel Names"中选择"A/AI0（DIFF）"作为信号输入端，表示选用差分方式输入，此时占用 AI0 和 AI4 这两个 AI 通道，然后在板卡上把 AI0 和 3.3 V 连接在一起、把板卡左侧的 AI4 连接到挨着 3.3 V 的 DGND 上。

5）保存程序，单击"运行"按钮，部署程序，程序运行结果如图 5-37 所示，可以看到测量值近似 3.3 V。

2. AI 多采样程序设计

在采集数据时，若需要采集一组数据，然后计算这组数据的平均值，作为采集数据，就要设计多采样程序。

1）AI 多采样程序如图 5-38 所示，选择"Analog Input N Samples"里面的模块，这里的"Read"模块与单采样不同，它有两个输入端，一个是采样数，另一个是采样率。采样数设置为 500 次，采样率设置为 1000 次/s。这样设置后，采集 500 次就需要 0.5 s，即循环一次用时 0.5 s。

2）在"Read"的数据输出端，创建一个显示控件 Values。它是一个二维数组，元素有 500 个，只占一行。用"索引数组"函数把这一行数据提取出来，就生成一维数组，见图 5-38 中的"子数组"。再用一个"均值"函数（"均值"函数在"函数"选板→"数学"→"概率与统计"中），计算出这 500 个数据的平均值，作为本次的测量值——当前电压。

3）保存程序，单击"运行"按钮，部署程序，程序运行结果如图 5-38 所示。

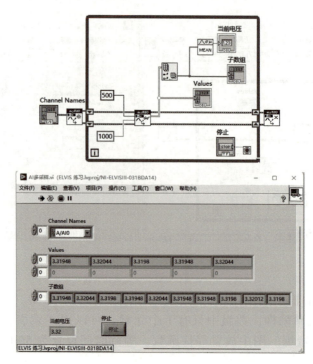

图 5-38　AI 多采样程序

5.3.5　模拟量输出程序设计

编写模拟量输出（AO）程序要用到"Analog Output 1 Samples"里面的"Open""Write""Close" 3 个模块。"Write" 模块的输入端数据格式是一维数组，这里用一个水平滑动杆作为输入数据，再用一个"创建数组"函数生成一个一维数组，作为输入数据。程序如图 5-39 所示。编好程序后，在前面板选择 A/AO0 作为模拟量输出通道。AO 采用单端输出方式，输出信号在多功能 I/O 板卡左侧的 AO0 和 AGND 端。把板卡上的这两个端引出，用万用表测量输出电压，运行程序，拖动滑动杆就可以观察输出电压的变化。

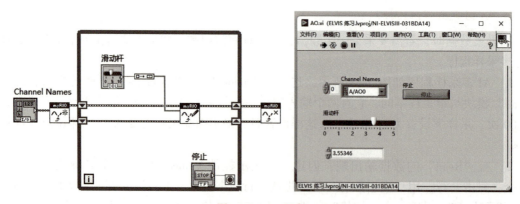

图 5-39　AO 程序

1）AO 输出电压也可以用 NI ELVIS Ⅲ 内部集成的数字万用表进行测量。

双击计算机桌面上的图标，打开 MeasurementsLive 页面，按照 5.3.2 节的方法进入测量页面，在仪器列表里选择数字万用表"Digital Multimeter"，打开"数字万用表"面板，如

图 5-40 所示。同实际的万用表类似，该虚拟的万用表可以进行电压测量（DC 和 AC）、电流测量（DC 和 AC）、电阻测量、二极管测试、音频连续性测试等。测量直流电压按照图 5-40 所示选择即可，面板的中心圈内显示"DC voltage"。

2）硬件连接。把万用表的表笔插入 ELVIS Ⅲ 上的对应插孔（参看图 5-7），红表笔插入 VΩ 插孔、黑表笔插入 COM 插孔。黑表笔与 ELVIS Ⅲ 的 AGND 相连接，用红表笔测量 AO0 端。

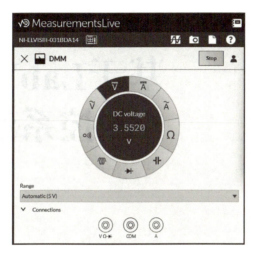

图 5-40 "数字万用表"面板

3）部署运行程序，并在"数字万用表"页面上单击"Run"按钮运行数字万用表，再拖拽程序前面板上的滑动杆改变输出电压值，观察万用表上测量值的变化情况。

以上是 LabVIEW 程序和 MeasurementsLive 综合应用的例子，更多综合应用有待读者自行探索。

5.4 思考题

1. 如果需要对一辆汽车进行车身各个部位的噪声定位，那么在这样一个虚拟仪器测试测量应用中，应该如何进行系统构建？

2. 如果当前虚拟仪器测量应用的对象从对一辆汽车的噪声定位变成对一架飞机的噪声定位，那么整个系统的构建又有何不同？

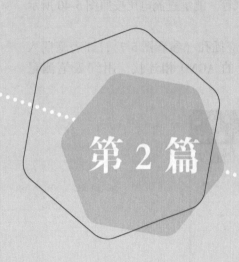

第 2 篇 基于LabVIEW的测控系统设计

项目 6　交通灯控制系统设计

在城市道路的交叉路口通常设置有绿灯、黄灯和红灯 3 种状态的交通灯，它们的作用是：当绿灯亮时，表示车辆可通行；当黄灯亮时，提醒正在交叉路口中行驶的车辆赶快离开；当红灯亮时，车辆要在停车线后停驶。

交通灯控制系统中，涉及两个方向的车流控制，何时亮何种颜色的灯，亮灯时长为多久，这些都需要进行逻辑分析和运算。更复杂一些的交通灯控制系统还带有左转和右转提示灯的控制。

项目 6　交通灯控制系统设计

【项目描述】

项目目标

知识目标

1. 了解虚拟仪器的体系结构。
2. 掌握应用 LabVIEW 进行 DO 程序设计的方法。
3. 掌握应用虚拟仪器应用程序将通用计算机与功能化硬件结合起来，实现对被控对象的简单控制等。

能力目标

1. 能够使用给定虚拟仪器硬件设备和计算机搭建交通灯控制系统。
2. 能够根据系统功能要求编写交通灯控制程序。
3. 能够正确进行系统调试测试。
4. 能够对系统功能进行完整描述，并规范撰写项目报告。

素养目标

1. 具有良好的工程意识、严谨的工作作风，自觉遵守工程规范和职业道德。
2. 具有分析问题、解决问题的能力。
3. 具有良好的自我学习能力，具有勇于创新、敬业乐业的工作作风。
4. 具有良好的责任心、环保意识。

任务要求

交通灯是城市交通中不可缺少的重要工具，是城市交通秩序的重要保障。本系统用于实现常见十字路口交通灯控制功能。通过编程，实现配置各种灯的时间，控制各个灯的状态等。一个十字路口的交通一般分为两个方向，每个方向具有红灯、绿灯和黄灯 3 种交通灯，两个方向灯的状态是相关的，现给出如表 6-1 所示的设置要求。

表 6-1 交通灯的设置要求

序　号	方向和状态	时间长度/s
1	东向红灯亮，北向绿灯亮	9
2	东向红灯亮，北向黄灯亮	3
3	东向绿灯亮，北向红灯亮	9
4	东向黄灯亮，北向红灯亮	3

实践环境

硬件设备：计算机、ELVIS Ⅲ、多功能 I/O 板卡、导线若干。
软件环境：LabVIEW。

任务 6.1 设计控制系统的前面板

任务 6.1　设计控制系统的前面板

6.1.1　前面板布置

1）打开 LabVIEW，在开始界面单击 "Create New Project" 按钮，新建项目。在创建项目窗口选择 "NI ELVIS Ⅲ Project 模板"，打开 "配置新项目：NI ELVIS Ⅲ Project" 窗口（详细参考 5.3.1 节），然后输入项目名称 "交通灯项目"，保存到合适位置（也可以在项目 5 创建的 NI ELVIS 练习项目里直接新建 VI）。

在 LabVIEW 前面板设计用户界面，一般可把系统运行监控界面与参数设置、系统配置、系统介绍等分开放置，使得系统运行监控界面更加简洁、清晰。在设计中，可使用选项卡空间来实现上述要求。

2）在 "控件" 选板中选择 "新式" → "容器" → "选项卡控件"，将其放置在前面板上，如图 6-1 所示。选项卡只是把前面板上内容进行了分类，并不会对程序造成任何影响。

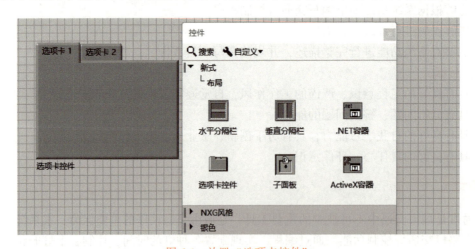

图 6-1　放置 "选项卡控件"

3）在 "选项卡控件" 上右击，从弹出的快捷菜单中选择 "显示项" → "标签" 选项。把 "选项卡 1" 标签修改为 "系统描述"、"选项卡 2" 标签修改为 "通道设置"。在选项卡控件上右击,从弹出的快捷菜单中选择"在后面添加选项卡"选项,并把该选项卡标签修改为"交通灯控制"。

4)在"系统描述"选项卡中,对系统进行简单的描述。

5)在"交通灯控制"选项卡中,放置该系统所需要的输入和显示控件,如图6-2a所示。在VI运行中,该选项卡界面是人机交互界面。

6)在"通道设置"选项卡中,放置通道号输入控件,如图6-2b所示。

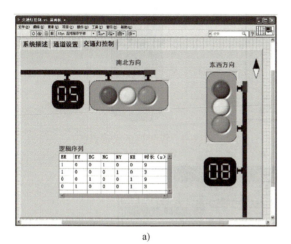
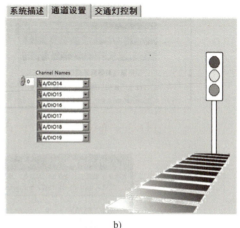

图6-2 交通灯控制前面板
a)"交通灯控制"选项 b)"通道设置"选项

6.1.2 制作交通灯控件

模拟真实的交通灯,在前面板要放6个指示灯,为了程序简洁,把指示灯分两组,每组3个,做成一个簇文件。

1)在前面板上,打开"控件"选板,选择"布尔控件"→"指示灯",将其放置在前面板上。在此控件上单击右键,在打开的快捷菜单中选择"显示项"→"标签",不显示标签。

2)移动光标到该控件上,出现拖拽工具,把它拖拽到合适的大小。

3)复制3个控件,可以选中该控件然后按住〈Ctrl〉键移动鼠标,也可以直接复制粘贴。把3个控件从上到下排列整齐。

4)发光颜色依次设置为红、黄、绿,熄灭颜色可设置为灰色(或者分别是本色的较暗颜色)。设置颜色属性的方法是:在控件上单击右键,在打开的快捷菜单上选择"属性"选项,打开属性设置对话框,如图6-3所示。

在右下方的"开"或者"关"颜色框中单击,就会弹出"颜色选择"对话框,可根据需要选择颜色,也可以选择"颜色选择"对话框右上角的"T"来达到透明效果。设置好的交通灯控件如图6-4所示,中间的黄颜色为关闭状态。

5)为了美观,还可以对交通灯进行修饰。选择"控件"选板→"修饰" → "平面圆盒",拖拽到合适大小,然后移至交通灯的后面,这样就制作完成一组交通灯。同时选中灯与修饰,单击前面板窗口右上角的"重新排序"键,如图6-5所示,把它们组合起来。

图 6-3 "布尔类的属性"对话框

图 6-4 设置好的交通灯控件

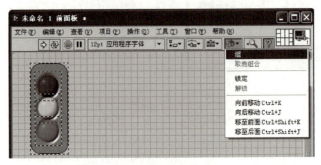

图 6-5 组合控件

6）把组合好的控件放置在簇里面，形成簇数据。在前面板的"控件"选板里找到"数组、矩阵与簇"选板，把簇放置在前面板上，拖拽到能容纳下交通灯布尔控件。选中交通灯，拖进簇的框架里面。

7）调整簇为合适大小：在簇的边框上单击右键，从打开的快捷菜单里面选择"自动调整大小"→"调整为匹配大小"，如图 6-6 所示。

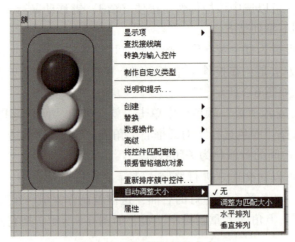

图 6-6 调整簇框架的大小

8)为了美观,可隐藏簇本身的样子。在前面板的菜单栏中选择"查看"→"工具选板"→"颜色"选板,将后色板的颜色都选择为透明,即颜色选板右上角的"T"。使用该色彩,对簇的外框涂色,就可完全隐藏簇的外框。

9)在标签"簇"字的位置上双击,把簇的标签修改为"东西方向",并对文字进行移动、修改大小、修改颜色等操作。

10)复制东西方向指示灯簇,标签修改为"南北方向"。右击该簇的边框,从弹出的快捷菜单中选择"自动调整大小"→"无"。然后再次右击簇边框,从弹出的快捷菜单中选择"自动调整大小"→"水平排列"。这样,南北方向的交通灯也完成了。

这样操作之后,每个簇中包含 3 个布尔控件。簇元素的逻辑顺序与其在簇内的位置无关。

11)右击簇外框,从快捷菜单中选择"重新排序簇中控件",查看菜单栏下方所显示的数值。需要将哪个簇元素设置为当前的数值顺序,就单击哪个簇元素,将其设定为所指定的逻辑顺序。完成后,单击☑;若需要设定,单击☒。

说明:簇中元素的顺序最好与外部硬件资源所对应的交通灯一致。

12)按照前面制作交通灯控件的做法,制作"南北方向"的交通灯簇和"东西方向"的交通灯簇。"南北方向"交通灯簇水平排列,从左到右依次是红、黄、绿;"东西方向"的交通灯簇竖直排列,从上到下依次是红、黄、绿。

由于"东西方向"红灯点亮时,"南北方向"为绿灯然后变黄灯,因此,簇排序如图 6-7 所示。"东西方向"由上到下依次为 0、1、2;"南北方向"从右到左依次为 0、1、2。

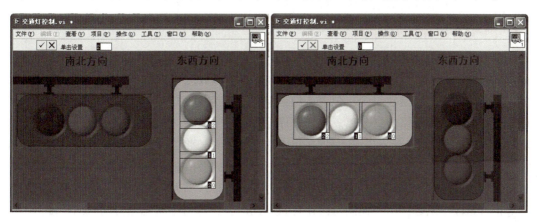

图 6-7 簇元素重新排序

6.1.3 制作表格

使用"表格"控件来存放显示每个方向交通灯的逻辑序列及时长信息。选择"控件"选板→"系统"→"列表、表格和树"→"系统表格",放置"表格"控件于前面板上。修改其标签为"逻辑序列"。右击"表格控件",从弹出的快捷菜单中选择"显示项"→"列首",如图 6-8 所示。

在表格的列首中,填写每一列所代表的信号灯。E 代表东西方向、N 代表南北方向;R、Y、G 分别代表红、黄、绿;"1"表示真,即灯亮,"0"表示假,即灯灭;时长(s)表示每种状态所保持的时间。表格中一行表示某个时刻 6 个 LED 灯的状态及时长。

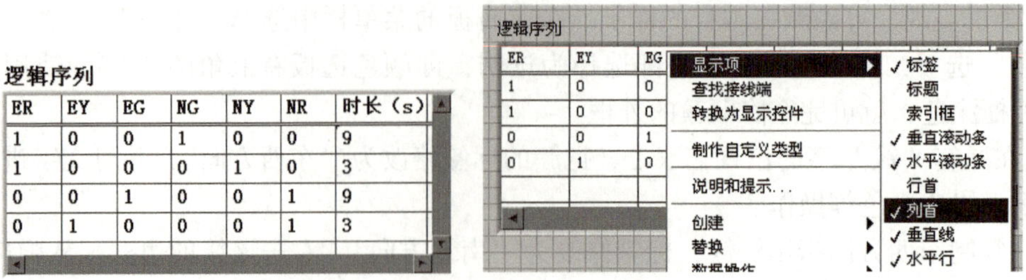

图 6-8 "表格控件"及快捷菜单使用

表格中存放的数据类型为字符串型的二维数组,在程序框图中接线端的颜色为枚红色。列首的提示信息不会直接出现在接线端所传递的数据中,若想在程序框图中引用表格列首的信息,需要使用属性节点来实现。

任务 6.2　实现交通灯控制逻辑功能

6.2.1　交通灯控制逻辑设计

6.1.2 节中制作了表格文件,表格内的数据为字符串,而字符串数据不方便做数值运算。在 LabVIEW 中有多种类型的运算,如加减乘除可以针对标量,也可以针对数组、簇和波形等数据。同样,数据类型转换函数既可以针对单个标量,也可以作用于整个数组。

1. 字符串数组转换为数值数组

选择程序框图→"函数"选板→"字符串"→"字符串/数值转换"→"十进制数字符串至数值转换",利用"十进制数字符串至数值转换"函数可以将字符串转换为数值。

在转换后得到的整型数组中,包含两组信息,一组为交通灯控制的逻辑序列信息,一组为延时信息。需要将这两组信息分离。选择程序框图→"函数"选板→"数组"→"删除数组元素",使用"删除数组元素"函数来完成信息的分离。将二维数组连接至函数的"N 维数组"连线端,列的索引设定为 6,含义是将数组中第 6 列数值删除(即删除"时长")。"已删除元素的数组子集"为逻辑序列二维数组;"已删除的部分"为时长信息一维数组。时长信息为"等待(ms)"函数,用来控制每次循环执行的时长,即每个状态保持的时间长度。

2. 数值数组转换为布尔数组

逻辑序列二维数组是数值型,需要转换成布尔型,因为在数字量输出(DO 过程)时,要求数据格式为布尔量。数值量转换成布尔量可以用"比较"选板→函数来实现:数值"1"大于 0 为真,输出 T;数值"0"大于 0 为假,输出 F。这样运算之后,"100 000"就变成了"TFF FFF"。

依次读取二维数组中的每一行,可以用 For 循环的自动多索引功能来实现,程序框图如图 6-9 所示。二维数组有 4 行,需要进行 4 次循环,完成表 6-1 的设置要求。首次运行时,读取第 0 行数据为"TFF FFF"的一维数组,按照逻辑序列第 1 行、第 2 行、第 3 行……依次类推。用"删除数组"函数把 6 个元素的一维数组拆分成 2 个,分别表示东西方向和南北方向的交通灯。再用"数组至簇转换"函数把它们变成簇,与事先做好的"三色交通灯"簇连接。

特别要注意的是,"数组至簇转换"函数默认输出 9 个元素,需要变成 3 个才与显示控件一致。方法是右击该函数,从弹出的快捷菜单中选择"簇大小……",把 9 改成 3 即可。

通过 For 循环的自动索引隧道,把时长信息的一维数组的 3 个元素也依次读取,再乘 1000,变成毫秒单位,送给等待(ms)函数。这样,交通灯控制逻辑程序就设计好了。

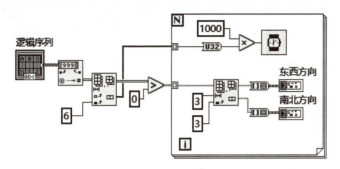

图 6-9　交通灯程序框图

6.2.2　用 For 循环实现倒计时

1. 普通数值显示

在十字路口,除了交通灯之外,还有红绿灯时间倒计时的显示。从图 6-8 所示的表格控件中发现,当一个方向为绿灯和黄灯时,另一个方向均为红灯。红灯亮的时间是绿灯与黄灯亮的时间之和,因此,"东西方向"灯亮的顺序和时间为:红灯 12 s、绿灯 9 s、黄灯 3 s;"南北方向"为:绿灯 9 s、黄灯 3 s、红灯 12 s。可以利用 For 循环的索引功能来实现。图 6-10 的程序功能是先从 12 开始倒数,循环一次减 1,减到 1 之后,再从 9 开始,依次类推。图中的"等待(ms)"输入常量 1000,相当于等待 1s,如果循环 12 次,就实现了等待 12 s。

6.2.2　用 For 循环实现倒计时

如果是"南北方向",只需要把索引数组修改为 9、3、12 即可。还可以在数值显示控件的后面加上修饰,并修改显示文本的大小、字体、颜色等。

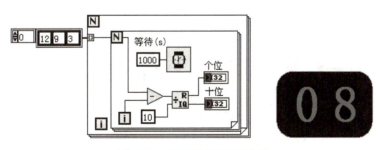

图 6-10　"东西方向"倒计时

2. 数码管数值显示

为了美观,也可以自己绘制数码显示图片,然后保存为"bmp"格式,用"读取 bmp 图片"函数读取,该函数在"函数"选板→"编程"→"图形与声音"→"图形格式"中。然后用"函数"→"编程"→"图形与声音"→"图片函数"→"绘制平滑像素图"函数,绘制图片。由于数码管一共有 10 个,可用 For 循环读取 10 次,"图片位置"数组用来存放图片的位置地址。这样就生成一个图片数组，程序框图如图 6-11a 所示。把这个数组转为常量数组，就完成了数码图片数组，如图 6-11b 所示。

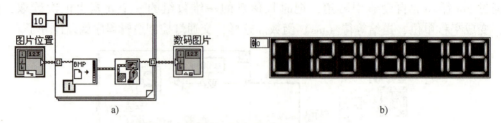

图 6-11　数码图片数组制作
a）程序框图　b）数码图片数组

对应的倒计时程序框图如图 6-12 所示。与图 6-10 所示的功能差别是，不直接显示个位和十位数值，而是把个位和十位数值作为索引，找到对应数码图片的位置，然后显示该图片。把该图片捆绑成簇，在前面板进行适当修饰。

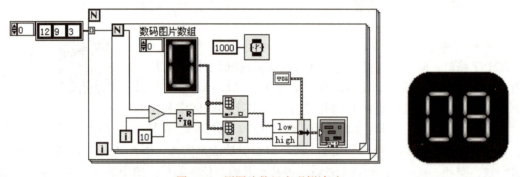

图 6-12　用图片数组实现倒计时

把"东西方向""南北方向"倒计时和交通灯控制逻辑程序设计好之后，就完成了无硬件模拟交通灯控制程序，如图 6-13 所示。运行该程序，可以观察交通灯的变化情况，看看是否实现了设计功能。

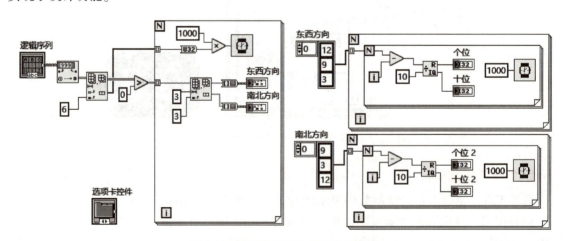

图 6-13　无硬件模拟交通灯控制程序

任务6.3 设计交通灯控制系统

1. 交通灯控制系统硬件设计

采用ELVIS Ⅲ实现交通灯控制系统功能时，首先把ELVIS Ⅲ通过USB方式与计算机连接。用多功能I/O板卡下方自带的LED作为被控对象——交通灯，LED0、LED 1、LED 2模拟东西方向交通灯；LED3、LED 4、LED 5模拟南北方向交通灯。用导线把这6个LED的端口分别与DIO的6个端口相连，比如选择DIO14~DIO19这6个DIO端口。

2. 交通灯控制系统软件设计

如果"无硬件交通灯控制程序"不是在"NI ELVIS Ⅲ Project模板"下创建的VI，就需要把它导入项目中。方法如图6-14所示，右击"NI-ELVIS Ⅲ ***（注：后面的编号和地址各不相同）"项，从弹出的快捷菜单中选择"添加"→"文件"，找到"无硬件交通灯控制程序"，然后添加文件即可。

图6-14 添加文件方法

对ELVIS Ⅲ操作的交通灯控制系统程序，只需要在图6-13的程序基础上增加DO过程即可。这里采用DO单采样模式（Digital Input/Output 1 Sample，可以参考5.3.3节）。程序如图6-15所示。图中，逻辑序列的一维数组作为"Write"的数据输入，数组有6个元素，运行程序时，每循环一次输出6个布尔量。

一般在设计时，DO过程在For循环上不用数据隧道，而是采用移位寄存器。可以先连线再右击数据隧道，从弹出的快捷菜单中选择"替换为移位寄存器"；或者先添加移位寄存器再连线。

工程上，运行有错误的时候，要求停止运行程序，可利用For的条件停止。方法是右击循环边框，从弹出的快捷菜单中选择"条件接线端"，然后在"函数"选板中选择"编程"→"簇、类与变体"→"按名称解除捆绑"函数，连到错误线上，把错误状态提取出来，连接到条件停止端上。还可以在"Close"模块的后面放置一个"简易错误处理"模块，用来显示错误信息。该模块位于"函数"选板→"编程"→"对话框与用户界面"里面。用图 6-15 所示的程序替换图 6-13 中左边部分，保留倒计时的两个进程，完整的交通灯控制系统程序就设计好了。

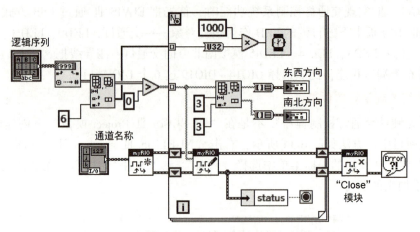

图 6-15　交通灯控制系统程序

拓展任务 6.4　系统调试

调试测试步骤如下。

1）将安置了多功能 I/O 板卡的 ELVIS Ⅲ 通过 USB 方式与计算机连接。

2）把多功能 I/O 板卡上左侧的 DIO14～DIO19 用导线依次连接到左下方的 LED0～LED5 端。

3）先打开 ELVIS Ⅲ 电源，再打开多功能 I/O 板卡的电源。

4）在程序的前面板找到物理通道输入控件，在该控件中选择 6 个 DIO 地址，分别为 A/DIO14～A/DIO19，右击该 DIO 地址数据，从弹出的快捷菜单中选择"数据操作"→"当前值设为默认值"选项，以便下次打开程序时不用再输入地址。

5）进行调试，截取图片，并完成项目报告。

6.5　思考题

1. 本交通灯控制系统中，按照要求点亮交通灯后即停止运行程序，如何让系统连续运行，直到按下停止按钮？

2. 在交通灯控制系统运行中，如何实现系统紧急停止功能？

3. 如何实现带有左转灯和右转灯的更复杂的交通灯控制系统？

项目 7　温度预警系统设计

日常生产和生活中，经常用到温度测量；温度测量的仪器仪表和传感器种类也很多。要想把温度信号送到计算机中进行显示、分析、处理，使用虚拟仪器设计非常方便。用温度传感器采集温度信号，送到调理电路，转变成标准的电压、电流等信号，然后经过数据采集卡，送到上位机。在上位机上编写监控程序，就可以对温度信号进行实时监控，并能够对数据进行分析、处理、存储等。本项目应用虚拟仪器软件和硬件设计一个温度预警系统，实现上述功能。

【项目描述】

项目目标

知识目标
1. 了解常用温度传感器，熟练掌握 LM35D 的使用。
2. 掌握温度信号采集系统体系结构。
3. 熟练掌握模拟信号采集程序编写方式。
4. 掌握子程序的编写和调用方式。
5. 掌握系统的调试方法。

能力目标
1. 会使用给定的硬件设备搭建温度测量系统。
2. 会使用 LabVIEW 编写温度采集程序。
3. 会编写和调用数据处理子程序。
4. 会进行系统调试。
5. 能够对系统功能进行完整描述，并规范撰写项目报告。

素养目标
1. 具有良好的工程意识、严谨的工作作风，自觉遵守工程规范。
2. 具有良好的自主学习能力和探索精神。
3. 具有分析问题、解决问题的能力。
4. 具有良好的实验习惯，操作规范，爱护实验设备，注意个人安全。
5. 具有正确的劳动价值观，养成良好的劳动习惯和品质。

任务要求

测量当前环境温度，根据设定的温度上限值及下限值，判定当前警报状态：高温警报、无警报、低温警报。每种警报都有文字提示，用不同颜色的警报灯加以区别，如高温为红色，低温为蓝色，正常为绿色。当前温度数值用多种方式显示，如数值形式、波形图、温度计等。

实践环境

硬件设备：计算机、ELVIS Ⅲ、多功能 I/O 板卡、温度传感器（LM35D）导线若干。
软件环境：LabVIEW。

LM35D 外形及引脚功能如图 7-1 所示。它把温度传感器与放大电路做在一个硅片上，形成一个集成温度传感器。LM35 系列是精密集成电路温度传感器，其输出的电压线性地与摄氏温度成正比。因此 LM35 比按绝对温标校准的线性温度传感器优越得多。LM35D 灵敏度为 10 mV/℃；工作温度范围为 0~100℃，对应输出电压范围为 0~1 V；电源电压为 4~30 V；精度为 ±1℃，最大线性误差为 ±0.5℃；静态电流为 80 μA。该温度传感器最大的特点是使用时无须外围元件，也不用调试和较正（标定），与读出或控制电路的接口简单方便，可由单电源和正负电源供电。

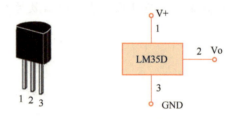

图 7-1　LM35D 外形及引脚功能
1—电源正极（V+）　2—输出端（Vo）　3—地（GND）

任务 7.1　设计系统前面板

1）打开 LabVIEW，在开始界面单击 "Create New Project"，新建项目，在创建项目窗口选择 "NI ELVIS Ⅲ Project 模板"，打开 "配置新项目：NI ELVIS Ⅲ Project" 窗口（详细参考 5.3.1 节），然后输入项目名称 "温度预警项目"，保存到合适位置（也可以在项目 5 创建的 NI ELVIS 练习项目里直接新建 VI）。

2）在 LabVIEW 程序的前面板，从 "控件" 选板里选择 "选项卡控件"，放置在前面板上。在 "选项卡控件" 上右击，从弹出的快捷菜单中选择 "显示项" → "标签" 选项。把 "选项卡 1" 修改为 "系统描述"，"选项卡 2" 修改为 "硬件配置"。在 "选项卡控件" 上右击，从弹出的快捷菜单中选择 "在后面添加选项卡" 选项，并把该选项修改为 "温度监控"。

3）在 "温度监控" 选项卡中，放置该系统所需要的输入和显示控件，以及记录历史曲线的波形图表，在 VI 运行中，其选项卡如图 7-2 所示。

4）图 7-2 中的控件为 "控件" 选板 → "银色" 选项中的控件，也可以选择 "新式" 中的控件。

① 图中 "采集电压" 滑动杆用来模拟采集电压信号，右击该控件，从弹出的快捷菜单中选择 "显示项" → "数字显示"，这样滑动杆的附近就出现一个数值输入控件，它和滑动杆是一体的。

② "温度上限" 和 "温度下限" 为数值输入控件，用来设置温度的上、下限。

③ "当前温度" 为数值显示控件，用来显示测量的实时温度。为了更加形象，还在右侧的温度计控件上显示该温度。

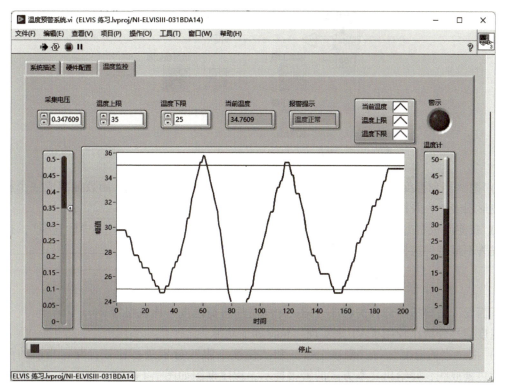

图 7-2 温度预警系统前面板—"温度监控"选项卡

④ "报警提示"字符串显示控件用来显示报警文本。

⑤ "警示"指示灯用来显示温度报警状态,温度过高或过低时,指示灯闪烁,温度正常时,无闪烁。

⑥ 图中的波形图表用来显示一段时间的温度趋势。图例有 3 个,分别是当前温度、温度上限和温度下限。单击图例,可以修改曲线的颜色和宽度。

右击波形图表,从弹出的快捷菜单中选择"属性",可以对曲线进行更多设置,也可以设置标尺和网格。

⑦ 最后,在选项卡下边放置一个"停止"按钮。

"硬件配置"选项卡显示硬件配置情况。比如用 AI0 通道采集温度信号,设置为 A/AI0。

"系统描述"选项卡可添加文字,对系统功能、运行调试方式等进行说明。

任务 7.2 模拟采集温度信号

7.2.1 温度信号采集

线性温度传感器 LM35D 作用是把温度信号转变成电压信号,下面编写程序来采集电压信号,再转变成温度信号。由于 LM35D 灵敏度为 10 mV/℃,即每摄氏度对应输出电压 10 mV (=0.1 V),把采集的电压信号乘以 100 就变成摄氏温度,程序框图如图 7-3 所示。

1)用滑动杆模拟采集的电压信号,然后乘以 100,转换成温度信号,将其连接到"当前温度"显示控件上。

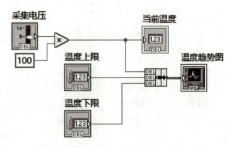

图 7-3　温度信号采集程序框图

2）把"当前温度""温度上限"和"温度下限"用一个"捆绑"函数捆绑成一个簇，连接到波形图表上，并把波形图表的标签修改为"温度趋势图"。

3）在前面板右击波形图表，从弹出的快捷菜单中选择"显示项"→"标签项"，把标签项设置为不显示。这样模拟温度采集程序就设计好了。

7.2.2　分析处理温度信号

下面设计报警指示部分的程序，用一个子程序进行温度、比较报警。

温度信号分析比较用子 VI 来实现，包含如下功能。

1）把"当前温度"与"温度上限"和"温度下限"分别进行比较，判定当前的温度值是否超过警戒线，并给出文本方式的警报提示，程序框图如图 7-4 所示。当高于"温度上限"，则显示"温度过高"；低于"温度下限"，则显示"温度过低"；温度在上、下限之间时，则显示"温度正常"。

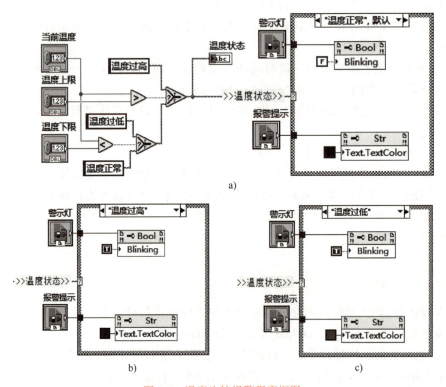

图 7-4　温度比较报警程序框图

a）正常警示灯无闪烁　b）高温警示灯闪烁　c）低温警示灯闪烁

2）根据警报类型，设定警示灯"警示"是否闪烁。当"报警提示"为"温度过高"或"温度过低"时，"警示灯"闪烁；当"报警提示"为"温度正常"时，"警示灯"不闪烁。警示灯的属性修改使用属性节点，程序框图如图 7-4 所示。程序中使用条件结构、引用句柄、属性节点来实现。

引用句柄：图 7-4 中的"警示灯"和"报警提示"就是两个控件引用句柄。引用句柄是一个打开对象的临时指针，因此它仅在对象打开期间有效。选择前面板"控件"→"应用句柄"→"控件引用句柄"，将其拖放至面板上；由于要引用的是布尔量属性，因此该引用句柄必须选择布尔型。右击该句柄，从弹出的快捷菜单中选择"选择 VI 服务器类"→"通用"→"图形对象"→"控件"→"布尔"，如图 7-5 所示。将此引用句柄的标签修改为"预警"，与主 VI 中的预警指示灯标签保持一致。

属性节点 ▷⇒ Bool (strict) ：要定义控件的颜色属性、闪烁属性等，就需要使用属性节点。图 7-4 中 ▷⇒ Bool 是布尔型控件的属性节点，用来定义指示灯的闪烁属性；▷⇒ Str 是字符串型控件的属性节点，用来设置字符串的颜色。属性节点可自动调整为用户所引用对象的类。属性节点可打开或返回引用某对象，使用关闭引用函数结束该引用，还可使用一个节点读取或写入多个属性。但是，有的属性只能读不能写，有的属性只能写不能读。右击属性，在弹出的快捷菜单中选择"转换为读取"或"转换为写入"，可进行改变属性的操作。节点按从上到下的顺序执行。如属性节点执行前发生错误，则属性节点不执行，因此有必要经常检查错误发生的可能性。

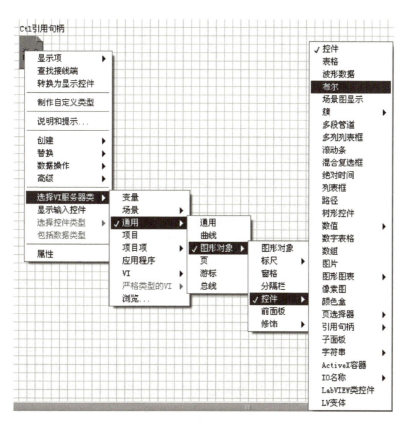

图 7-5　引用句柄的选择和配置

创建一个属性节点：选择"函数"→"编程"→"应用程序控制"→"属性节点"，如图7-6所示。创建一个属性节点，然后右击该节点，从弹出的快捷菜单中选择"全部转换为写入"。将布尔量的引用句柄连接至属性节点的"引用"端，该属性节点所指向的对象为布尔类型，可修改布尔型对象的各种属性。单击"属性"选择"闪烁"，就完成了该布尔控件——指示灯的闪烁属性设置。把该"属性节点"分别放置在条件结构的3个分支中，在"温度过高"和"温度过低"分支给该属性连接一个"真常量"，使警示灯闪烁；在"温度正常"分支连接一个"假常量"，使警示灯不闪烁。

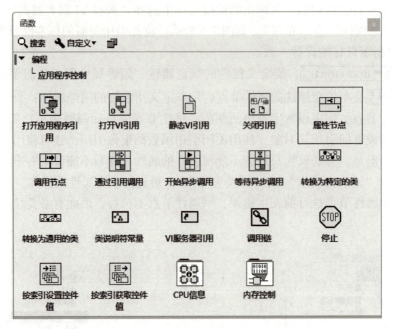

图7-6　创建控件的属性节点

也可以根据温度状态设置"温度状态"字符串控件的文本颜色，方法与警示灯闪烁属性的设置类似。首先，创建引用句柄，选择"VI服务器类"→"通用"→"图形对象"→"控件"→"字符串"，将创建好的引用句柄标签修改为"温度状态"。

选择"函数"选板→"应用程序控制"→"属性节点"，创建一个属性节点。然后右击该节点，从弹出的快捷菜单中选择"全部转换为写入"。将字符串的引用句柄连接至属性节点的"引用"端，该属性节点所指向的对象为字符串类型。选择"属性""文本"→"文本颜色"→"文本颜色"，如图7-7所示。把该属性节点的输入端放一个"颜色盒常量"，颜色盒常量位于"函数"选板→"编程"→"图形与声音"→"图片函数"中。把这个属性节点和它连接的颜色盒常量复制3份，分别放置在条件结构的3个分支中，在"温度过高"分支选择"红色"，在"温度过低"分支选择绿色，在"温度正常"分支选择蓝色。

程序框图编辑完成后，还要进行图标和连线板的编辑，前面板如图7-8所示。按照图中连接连线端口，图中橙色的是DBL数值型，依次连接输入控件"当前温度""温度上限"和"温度下限"；"警示灯"引用句柄为绿色连接中间的端子上，"报警提示"引用句柄连接右下方的端子上；粉色是字符串"温度状态"显示控件。最后，编辑图标即可完成子VI的设计。

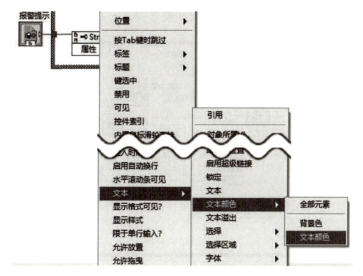

图 7-7 文本颜色属性选择

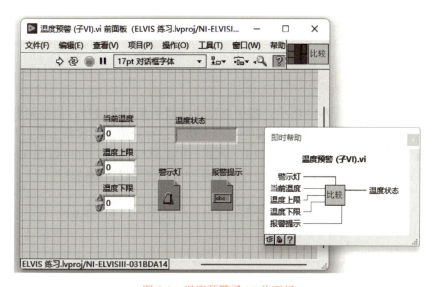

图 7-8 温度预警子 VI 前面板

7.2.3 温度预警程序设计

1）在前面编写好的"温度信号采集程序"（见图 7-3）中，调用温度预警子 VI，把"当前温度""温度上限""温度下限"依次连接到子程序，在子程序的输出端连接"报警提示"字符串。

2）在"警示"指示灯上右击，从弹出的快捷菜单中选择"创建"→"引用"，连接到子程序的"警示灯"端口上。

3）同样方法在"报警提示"字符串上创建"引用"，连接到子程序的"报警提示"端口上。

4）最后，再放置一个 While 循环，并放置一个等待函数，设置等待 500 ms。

以上，就完成了模拟温度预警程序，程序框图如图 7-9 所示。运行该程序，拖拽"采集电压"滑动杆,模拟采集的电压信号,观察数据和波形变化,并检查报警情况。

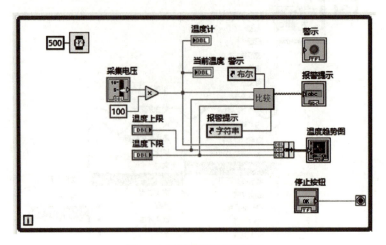

图 7-9 温度预警程序框图

任务 7.3 温度预警系统设计

7.3.1 温度预警系统硬件设计

温度预警系统组成如图 7-10 所示。图中温度传感器采集温度信号;信号调理电路把采集的信号变成标准的电信号;虚拟仪器设备把标准电信号进行处理,变成数字量,并通过标准通信方式送到计算机,通信方式可以是 PCI、PCIE、PXI 总线方式,也可以是 USB、以太网、WiFi、串行方式等;在计算机上安装虚拟仪器软件和虚拟仪器设备驱动软件。

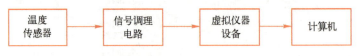

图 7-10 温度预警系统组成

选择集成温度传感器 LM35D 来测量环境温度,如图 7-1 所示。在前面硬件介绍部分讲过,LM35D 作用是把温度信号转变成标准电压信号。图 7-1 中,LM35D 的 3 个端口分别是:1 号端口为电源正极(V+),3 号端口为电源负极(GND),而 2 号端口是电压信号输出端(Vo)。

在该系统中,多功能 I/O 板卡和 ELVIS Ⅲ 完成信号调理电路和虚拟仪器设备的工作。把板卡插在 ELVIS Ⅲ 试验台上,把 ELVIS Ⅲ 的 USB 数据线连接到计算机的 USB 接口上,插好 ELVIS Ⅲ 的电源。

把 LM35D 插在板卡中部的面包板上,注意 3 个引脚分别在不同的 3 列上。用板卡左侧的 +5 V 电源给 LM35D 供电:用导线把 1 号引脚连接到板卡左侧的+5 V 上,3 号引脚连接到+5 V 下边的 DGND 上。信号输入采用差分方式,选择 AI0 和 AI4 作为一对差分信号输入端,LM35D 的 2 号引脚连接到板卡左侧的 AI0 上、3 号引脚连接到 AI4 上。

7.3.2 温度预警系统软件设计

温度预警系统软件中,温度信号采集采用差分方式,为模拟信号采集、AI 多采样,程序框图可参考图 7-11a 所示的 AI 多采样程序框图（与图 5-38 所示 AI 多采样程序类似，这里不再赘述），在 While 循环内的 "Read" 模块上设置采集频率为 1000 次每秒、采样次数为 500 次，然后用索引数组提取采样信号，用均值函数取平均值，作为本次循环的采集电压。在前面板，把物理通道输入控件放到 "硬件配置" 选项卡内。信号处理部分可以参考图 7-9。在图 7-9 中的 "采集电压" 滑动杆上右击，从弹出的快捷菜单中选择 "转为显示控件"，连接到均值函数的输出端。完成的程序框图如图 7-11b 所示。

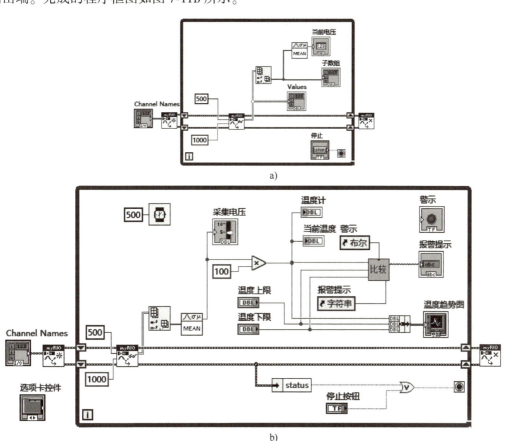

图 7-11　AI 多采样程序框图和温度预警系统程序框图
a) AI 多采样程序框图　b) 温度预警系统程序框图

任务 7.4　温度预警系统调试

在温度预警程序前面板的 "硬件配置" 选项卡中，根据硬件连接选择 A/AI0（DIFF N Samples），如图 7-12 所示，表示差分方式、多采样，并使用 AI0、AI4 通道作为信号输入端。

切换到 "温度监控" 选项卡，根据环境温度设置 "温度上限" 和 "温度下限"。如果环境温度为 27℃ 左右，可以设置 "温度下限" 为 26℃、"温度上限" 为 33℃。在波形图表的 Y 标尺上右击，从弹出的快捷菜单中把 "自动调整 Y 标尺" 选项前边的 "√" 去掉，不让它自动调整。然后手动设置标尺的范围，设置标尺的最小值要比 "温度下限" 小一些、标尺的最大值要比 "温度上限" 大一些，这样就能完整显示 3 条曲线："实时温度" 为蓝色、"温度上限" 为红色、"温度下限" 为绿色。设置好之后，保存程序，就可以调试运行了。

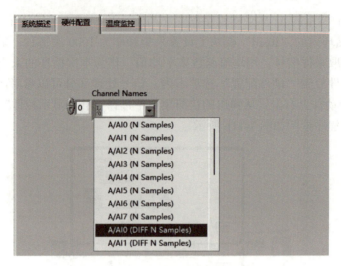

图 7-12 "硬件配置"选项卡

调试步骤：

1）按照硬件设计部分搭建系统，然后打开 ELVIS Ⅲ 和多功能 I/O 板卡的电源开关。

2）回到程序前面板，单击"运行"按钮，把程序部署到 ELVIS Ⅲ 上。部署好之后，程序开始运行。

3）设置"温度上限"和"温度下限"以及波形图表的 Y 标尺范围，当采集的温度在"温度上限"和"温度下限"之间时，无警报，运行结果如图 7-13a 所示。图中的"温度上限"设置为 33℃、"温度下限"设置为 29℃；波形图表的最大值设置为 34、最小值设置为 28。图中的"报警提示"字符串为绿色，"警示灯"不闪烁，当前温度曲线在"温度上限""温度下限"之间。

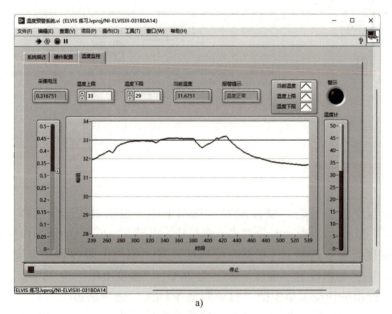

a)

图 7-13 运行结果
a）温度正常

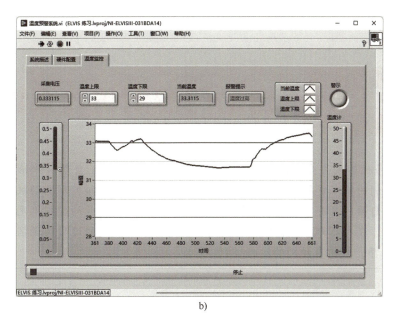

b)

图 7-13 运行结果（续）

b) 温度过高

4）用手指轻轻捏住 LM35D，温度开始升高，当温度高于 33℃时，温度过高，有警报，运行结果如图 7-13b 所示。此时的"报警提示"字符串为红色，"警示灯"闪烁，当前温度曲线在"温度上限"的上边。

5）手指移开，自然冷却，温度下降。如果环境温度为 27℃，当前温度会下降到 29℃以下，这时，温度过低、有警报。此时的"报警提示"字符串为绿色，"警示灯"闪烁，当前温度曲线在"温度下限"的下边。

6）以上结果都正确，说明程序设计正确，就可以运行程序进行温度测量，并记录数据、截取图片，最后分析整理数据、撰写项目报告。

7.5 思考题

1. 如何实现温度上限报警指示灯红色闪烁、温度下限报警指示灯蓝色闪烁？
2. 改变温度走势曲线图的背景颜色，温度过高背景变为红色，温度过低背景变为蓝色。

项目 8　自动门控制仿真系统设计

20 世纪 20 年代后期，美国的超级市场开始使用自动门开启了自动门开始在建筑物上的使用。随着电气控制的技术发展，现在电气控制技术已经成熟，直接控制电动机的电气式自动门逐渐成为主流。自动门具有可以将人接近门的动作识别为开门信号的控制单元，该单元通过驱动系统将门开启，在人离开后再将门自动关闭，并对开启和关闭的过程实现控制。本项目应用 LabVIEW 编写程序，模拟自动门的运行过程。

【项目描述】

项目目标

知识目标
1. 了解自动门运行原理。
2. 熟练掌握基于简单状态机的项目创建和设计方法。
3. 掌握应用 LabVIEW 制作控件的方法。

能力目标
1. 能够根据要求制作控件。
2. 能够创建基于简单状态机的项目。
3. 能够应用简单状态机设计自动门控制仿真系统程序。
4. 能够正确进行系统调试。
5. 能够完整描述系统功能，并规范撰写项目报告。

素养目标
1. 具有良好的编程习惯。
2. 具有工程意识和严谨的工作作风。
3. 具有分析问题、解决问题的能力。
4. 具有良好的自主学习能力。
5. 具有良好的责任心、环保意识。

任务要求

用 LabVIEW 编写程序，模拟自动门的工作原理，要求实现以下功能。

1）设定开门角度及开门状态保持时长。

2）单击"开门"按钮，模拟有人到来，执行开门动作。判断是否达到设定的开门角度，没达到就继续开门，达到了就保持这个开门角度不变。

3）判断开门保持时间是否达到设定时间，没达到继续保持，达到就进入关门状态。判断关门是否完成，没完成就继续关门，完成就停止动作，等待下一次有人来。

4)开、关门的过程中,软面板的仿真自动门按照上述过程动作。

实践环境

硬件设备:计算机。
软件环境:LabVIEW。

任务 8.1 前面板设计—门控件制作

任务 8.1 前面板设计

8.1.1 自动门动画设计

为了仿真自动门的打开和关闭,使用图片下拉列表。事先绘制好门图片,分别是关门图片和不同角度的开门图片,要保证所有图片大小一致。图片越多,动态效果越好,这里绘制了30个图片,如图 8-1 所示。

(1)放置门

1)把图片从开门到关门按顺序编号。选择"新式"→"下拉列表与枚举"→"图片下拉列表",将其放置在前面板。在工具栏选择"调整对象大小"→"设置宽度和高度",如图 8-2 所示,把下拉列表框调整为适合门图片的大小。

图 8-1 自动门动画控件

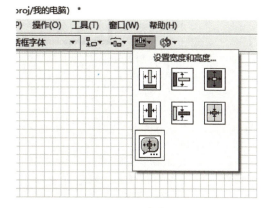

图 8-2 调整控件大小

2)选中所有图片,拖拽到 VI 的前面板,注意按照编号顺序排列,比如,最上面的图片是 1 号,然后是 2 号……最下面的为 30 号。

3)选择最上面图片,按下〈Ctrl+X〉剪切图片,然后在下拉列表上右击,从弹出的快捷菜单中选择"在后面导入图片",这样最上面的图片就进入下拉列表,成为第 0 号元素;继续选择最上面图片,采用同样操作,执行"在后面导入图片"。不断重复上述过程,直到所有图片都导入下拉列表。

4)制作完成后的自动门的图片下拉列表控件如图 8-3 所示。右击下拉列表,从弹出的菜单中把"显示项"→"标签"和"增量/减量"前的"√"去掉;再右击下拉列表,从弹出的快捷菜单中选择"转为显示控件",完成放置门操作。

(2)编写自动门动画程序

下面编写自动门动画程序,程序框图如图 8-4 所示。

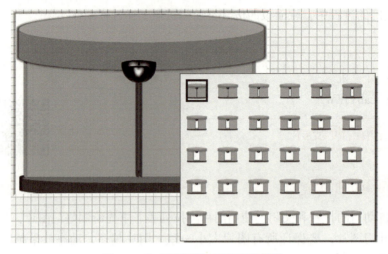

图 8-3 自动门的图片下拉列表控件

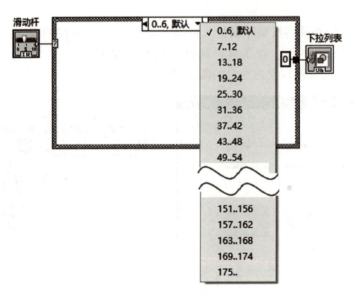

图 8-4 自动门动画程序框图

在程序框图中放置一个条件结构,在条件结构的分支选择器端口上连接一个滑动杆,用滑动杆滑动模拟开门角度。定义门关闭为 0°、门全开为 180°,因此开门角度的范围是 0°~180°。

有 30 张门图片,条件结构需要 30 个分支,180°分成 30 份,每份等于 6°,因此,按照图 8-4 设置每个分支。最后一个分支表示大于 175°之后都落在这个分支;第一个分支为默认分支,表示没列出的取值都会落在这个分支。也可以在此分支输入 "..6",就不必设为默认分支,否则会有默认分支语法错误,此时单击 ,弹出错误列表对话框,提示:"条件结构必须包括与选择器所有可能值相对应的条件分支。满足该条件的最简便方法就是指定默认分支以处理无穷范围的选择器值"。简言之,在"选择器"标签里,应包含所有可能取值,如图 8-4 所示。

在 "0..6" 分支,放置常量 "0",当滑动杆取值在此范围时,下拉列表显示 0 号图片;在 7..12 分支,放置常量 "1",当滑动杆取值在此范围时,下拉列表显示 1 号图片;以此类推,在"175.."分支放置常量"30",当滑动杆取值在"175.."范围时,下拉列表显示30号图片。这样,连续拖动滑动杆,就会出现门开、关的动画效果。

8.1.2 布尔控件制作

控件制作过程如图 8-5 所示,具体步骤如下。

1) 先做指示灯事先准备好两张图片,分别表示指示灯的开和关状态,然后把图片复制到程序的前面板上。

2) 在前面板放置一个"确定按钮",将其拖拽到和图片大小基本一致。右击"确定按钮",从弹出的快捷菜单中选择"高级"→"自定义",如图 8-5a 所示。弹出控件制作窗口,在工具栏上找到切换模式工具 ,光标划过就会显示"切换至自定义模式",单击该工具,切换到自定义窗口。此时扳手工具位置变成一个小镊子 ,光标滑过就会显示"切换至编辑模式"。

3) 在自定义窗口右击"确定按钮",从弹出的快捷菜单中选择"图片项",出现4个小方框图片,如图 8-5b 所示。这 4 个图片分别代表布尔量的 4 种状态,依次是:关、开、开至关、关至开。

4) 选中第 1 个图片,然后在图 8-5a 中提前准备好的图片选中"关图片",复制到剪贴板

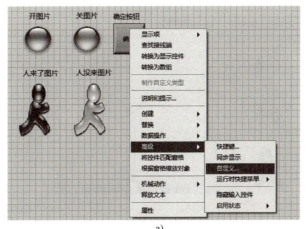

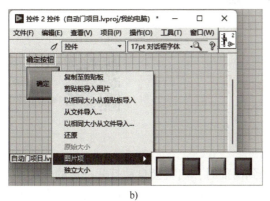

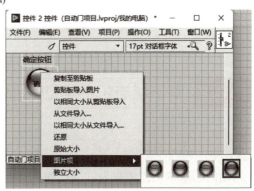

图 8-5 控件制作过程
a) 打开自定义控件窗口 b) 按钮控件图片项 c) 编辑后的按钮控件图片项

(〈Ctrl+C〉),再回到图 8-5b,右击"确定按钮",从弹出的快捷菜单中选择"以相同大小从剪贴板导入";再右击该按钮,在图片项中选择第 3 个图片,再次选择"以相同大小从剪贴板导入"。

5)以相同的方法,把"开图片"导入到第 2 个和第 4 个图片位置。做好之后的图片项如图 8-5c 所示。右击该控件,从弹出的快捷菜单中选择"机械动作"→"释放时转换";再右击该控件,取消"显示项"→"布尔文本"的勾选。控件制作好之后,保存控件,命名为"灯控件"。

6)再准备好两张"人"图片,分别表示"人来了"和"人没来",按照指示灯控件制作方法制作人控件。

8.1.3 自动门前面板设计

设计的前面板需要具有"系统简介""参数配置"和"自动门仿真界面"3 个选项卡,如图 8-6 所示。把门下拉列表放在"自动门仿真界面"选项卡中,再放两个灯控件,上面的命名为"开门",下面的命名为"关门",分别右击这两个控件,从弹出的快捷菜单中取消"显示项"→"标签"勾选;再放一个"人来了"控件。在"系统简介"选项卡中编辑文本,对系统运行功能、方式等进行说明;先保留"参数配置"选项卡中的初始设置,后面设计程序的时候再进行编辑。

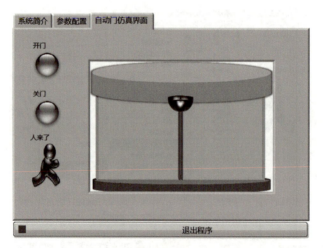

图 8-6 "自动门仿真界面"选项卡

任务 8.2 基于状态机的自动门程序结构设计

任务 8.2 基于状态机的自动门程序结构设计

8.2.1 自动门系统工作流程

自动门的基本工作流程为:当检测到有人来到门前时,门就会自动打开一定的开度;人通过门的过程中,门保持开度不变;人通过之后,自动门开始关门;关门后等待下一次有人来再开门。这里需要设置的参数有:开/关门的速度、开门的角度、开门保持时间等。根据以上分析,自动门系统的程序流程图如图 8-7 所示。

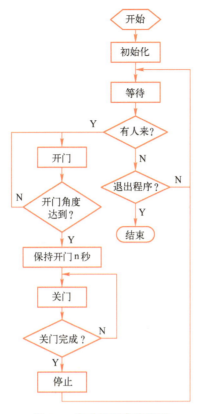

图 8-7　自动门程序流程图

8.2.2　使用基本状态机设计程序

本节根据程序流程图，用 LabVIEW 设计程序。

（1）创建"自动门项目"

1）打开 LabVIEW，单击"Create New Project"，在弹出的对话框中选择"简单状态机"。

2）进入"配置新项目：NI ELVIS Ⅲ Project"对话框，在此修改项目名称和项目保存路径。把项目名称命名为"自动门项目"，其他内容默认。

3）单击"完成"按钮，完成项目创建，进入自动门项目浏览器，如图 8-8 所示。

4）图中有一个 VI，打开"Main.vi"，在它的前面板选择菜单"文件"→"另存为"，弹出"另存为"对话框，如图 8-9 所示。

5）勾选"重命名–重命名磁盘上的文件"选项，然后单击"继续"按钮，在弹出的对话框中输入"自动门仿真"，这样，程序名称就修改好了。此时的简单状态机程序如图 8-10 所示，图中 VI 的标题栏上显示的就是修改好的程序名称。

（2）编辑状态机

基本状态机程序框架结构是自动生成的，用户可以根据需要在此基础上进一步对程序进行设计。

1）把前面板的内容都删除掉，然后切换到程序框图。删除图中的文本，粉色的"簇"和与它相关的，土黄色的"错误簇"和与它相关的，以及时间结构。

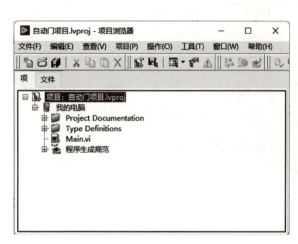

图 8-8　自动门项目浏览器

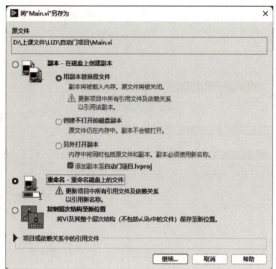

图 8-9　"另存为"对话框

 注意：每个分支的内容都删除干净，只保留 While 循环、条件结构、移位寄存器和状态机状态"图中的蓝色常量 Initialize"。

2）右击条件结构的边框，从弹出的快捷菜单中取消"显示项"→"子程序框图标签"的勾选。

3）利用同样操作，取消 While 循环中"子程序框图标签"的勾选。这样，状态机结构就比较简洁了。

4）图 8-10 中的移位寄存器可将上一次循环的值传递至下一次循环。移位寄存器以一对接线端的形式出现，分别位于循环两侧的边框上，位置相对。右击循环边框，从快捷菜单中选择"添加移位寄存器"，添加两个移位寄存器：右侧的移位寄存器存储每次循环结束后的数据，左侧的寄存器为下一循环提供所存储的数据。

移位寄存器在内存上开辟了内存空间。关闭 VI 之前，未初始化的移位寄存器将保留上一次循环的值。

5）在图 8-10 中的状态常量 Initialize 上右击，从弹出的快捷菜单中选择"打开自定义类型"，出现枚举控件编辑窗口。右击该枚举控件，从弹出的快捷菜单中选择"编辑项"，弹出该控件的属性对话框，如图 8-11 所示。

6）由于状态机的每个条件结构分支对应一种跳转状态，根据图 8-7 所示的流程图，应该设计 6 个状态，分别是：初始化、等待、开门、关门、停止、退出。按照图 8-11 修改各项，然后单击"确定"按钮，关闭控件编辑对话框，返回状态编辑窗口。默认文件名为"State.ctl"，也可以修改为"门状态机状态.ctl"。

7）关掉"State.ctl"，回到主程序，此时，一些状态机状态失效。右击失效的状态机状态，从弹出的快捷菜单中选择"从自定义类型检查并更新…"，弹出如图 8-12 所示的对话框。

8）从图中可见，"旧默认值"和"新默认值"的下一个状态不同，选择"通过全部"，更新所有状态，用新默认值替换旧默认值，然后单击"应用改动"按钮，回到主程序。此时，条件结构只有 5 个分支，没有"退出"分支。

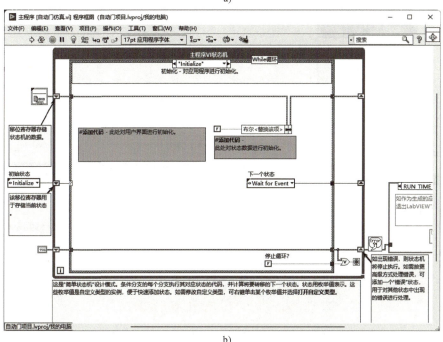

图 8-10 简单状态机程序
a）前面板 b）程序框图

9）在"停止"分支右击，从弹出的快捷菜单中选择"选择器标签"，在后面添加一个"退出"分支，如图 8-12 所示。在该分支也放一个状态机状态，在条件结构右边的数据隧道上右击，从弹出的快捷菜单中选择"创建常量"即可。

10）根据自动门的程序流程图，程序运行开始进入"初始化"状态，之后进入"等待"状态，直到有人过来或者按下"退出程序"按钮，因此，把"等待"分支设置为默认分支比较合理。方法是右击"等待"分支中的"选择器标签"，从弹出的快捷菜单中选择"本分支设置为默认分支"，结果如图 8-13 所示。

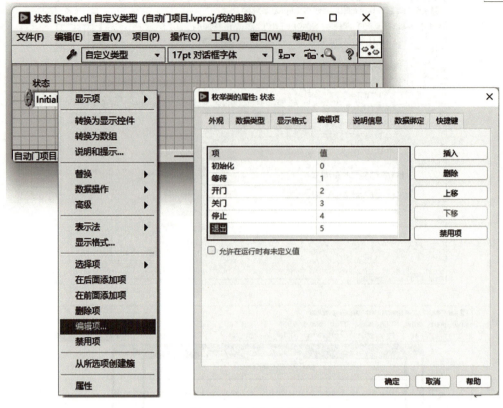

图 8-11　状态机状态编辑

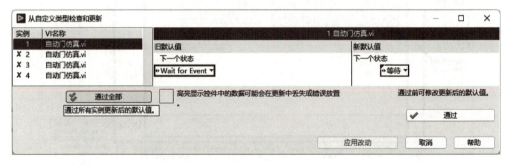

图 8-12　从自定义类型检查并更新

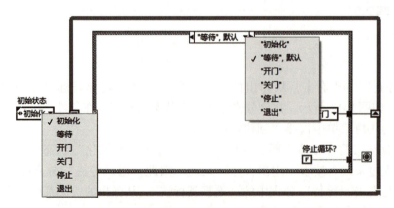

图 8-13　条件结构的选择器标签

任务 8.3 自动门控制仿真程序设计

8.3.1 等待状态设计

状态机框架结构完成后，就可以进行每个分支的设计。在设计过程中，一般最后设计初始化分支，因为开始不确定哪些量需要初始化，其他分支设计好之后，把需要初始化的量都放在这个分支。这里先设计"等待"分支，如图8-14所示。在"等待"分支中放置一个条件结构，把事先做好的"人来了"控件连接到条件结构的分支选择器上。

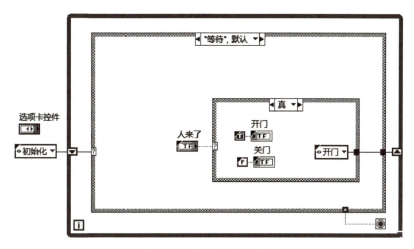

图 8-14 "等待"分支设计

当"人来了"为"假"时，再判断是否按下"退出程序"按钮。在这个分支放一个条件结构，把"退出程序"按钮连接到条件结构的分支选择器上，退出程序为"假"，继续等待，因此状态机状态放在这个分支，并且选择下一个状态为"等待"，把"等待"赋值给移位寄存器，下次仍然执行"等待"分支；当按下"退出程序"按钮时，退出程序为"真"，在"真"分支右击条件结构右边框的数据隧道，创建常量，选择下一个状态为"退出"，那么下次就会进入"退出"分支。

当"人来了"为"真"时，就要执行开门动作，因此在该分支同样放置一个状态机状态，并把下一个状态设置为"开门"，并把"开门"指示灯赋值真常量，点亮指示灯；"关门"指示灯赋值假常量熄灭。

8.3.2 开门和关门状态设计

（1）开门状态设计

开门分支比较复杂，其程序框图如图8-15所示。

1）编写程序模拟开门过程，用"加"函数和"反馈节点"实现每次循环加1。

2）在前面板的"参数配置"选项卡中放一个旋钮，范围设为0~180，命名为"开门角度"，如图8-16所示。

3）用一个比较函数把累加结果与"开门角度"进行比较，此时门的开度不大于"开门角度"，则继续开门；大于或等于"开门角度"，则使用"选择"函数，把反馈节点的反馈值

"置0",等下一次开门再从0开始累加。

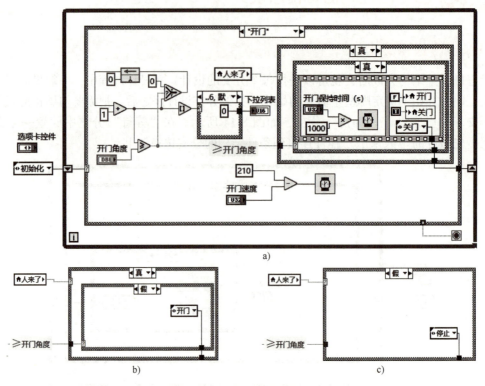

图 8-15 开门状态程序框图

a) "人来了"为真,且≥"开门角度"为真 b) "人来了"为真,且≥"开门角度"为假 c) "人来了"为假

4) 把累加结果取整,然后替代图 8-4 中的滑动杆,连接到条件结构的分支选择器端口上,根据累加结果的变化,依次选择门图片显示,产生开门动画效果。

5) 用条件结构判断是否有人来。当有人来的时候,执行开门动作,还要判断是否达到开门角度。因此,在条件结构里面又嵌套了一个条件结构。

6) 8-15a 表示有人来了,并且达到"开门角度"的情况。外层条件结构的分支选择器端口上,放一个"人来了"控件的局部变量,在它的真分支再放一个条件结构,分支选择器端口连接门开度的比较结果。

7) 当开度≥"开门角度"为真时,保持一段时间,使用顺序结构。前面板放一个滑动杆,命名为"开门保持时间",范围可以进行设置,这里设置为 0~10 s。保持时间结束,进入顺序结构的下一帧,先把"开门"指示灯熄灭、"关门"指示灯点亮,再把下一个状态设置为"关门"。

8) 当"人来了"为真且≥"开门角度"为假时,继续开门,见图 8-15b;当"人来了"为假的时候,进入停止分支,见图 8-15c。

9) 在"参数配置"选项卡中,放一个滑动杆,命名为"开门速度",范围设置为 100~200(范围和单位可以根据门的大小设置),如图 8-16 所示。用常量 210 减去"开门速度",复制给"等待"(ms),这样,拖动滑动杆改变开门速度时,"开门速度"越大,每次循环时间越短,开门越快。

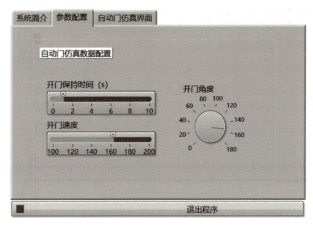

图 8-16 "参数配置"选项卡

(2) 关门状态设计

关门状态程序框图如图 8-17 所示,程序编写与开门类似。当没来人的时候,直接进入停止分支,当"人来了"为真的时候,才执行关门动作,当门的开度不小于 5 时,继续关门,否则进入停止分支。

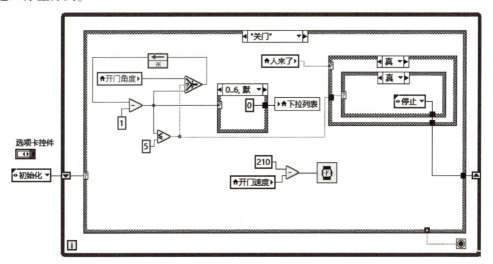

图 8-17 关门状态程序框图

8.3.3 停止、退出和初始化状态设计

1)停止分支很简单,把"开门""关门"指示灯和"人来了"3 个布尔量的局部变量都赋值"假"常量,下一个状态设置为"等待"即可。

2)在退出分支,把"开门""关门"指示灯、"人来了"和"退出"4 个控件布尔量的局部变量都赋值"假"常量,下一个状态可以设置为"退出"。在该分支放一个真常量,连接到 While 循环的条件停止端,如图 8-18 所示。右击条件结构的数据隧道,从弹出的快捷菜单中选择"未连线时使用默认",其他分支默认为假,不用再放置"假"常量。

3)所有分支完成之后,再来设计初始化分支。在该程序中,需要初始化的量有 4 个,"开门"、"关门"、"人来了"和"退出",把它们的局部变量都赋值"假"常量,下一个状态设置为等待,即完成了初始化分支的设计,如图 8-19 所示。

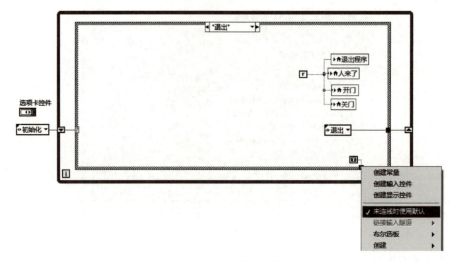

图 8-18　退出状态程序框图

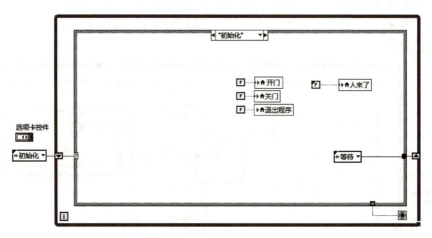

图 8-19　初始化状态程序框图

拓展任务 8.4　系统调试

系统调试的步骤如下。
1）设置开门角度、开门保持时间、开门速度等参数。
2）运行调试 VI，并进行测试，记录数据、截取图片。
3）根据任务书要求，撰写项目报告。

8.5　思考题

1. 是否有其他方法设计自动门的仿真界面？比如可试试用 3D 控件。
2. 创建一个简单状态机的项目，根据给定的框架结构（见图 8-10 所示简单状态机程序）设计一个 VI，实现功能不限。

第 3 篇　创新设计

项目 9　基于 myDAQ 的体温测量仪设计

目前，网络教学越来越普遍，然而对于实践环节，网课的不足显而易见。在虚拟仪器课程中，myDAQ 这种号称"口袋仪器"的虚拟仪器设备能很好地解决这一问题。学生只要有计算机，加上手机大小的 myDAQ，便可以足不出户，随时随地进行虚拟仪器以及相关课程的学习。

该项目实现基于虚拟仪器的体温测量仪，采用虚拟仪器设备 myDAQ 和计算机构成虚拟仪器系统，进行体温测量和显示报警等。通过本项目的学习，使学生掌握虚拟仪器系统的结构，掌握基于虚拟仪器的测控程序的编写。

【项目描述】

项目目标

知识目标
1. 了解虚拟仪器设备 myDAQ 的功能和使用方法。
2. 掌握如何使用 myDAQ 构建虚拟仪器测控系统。
3. 掌握如何编写程序进行模拟量的测量、数字量的控制。
4. 掌握分析处理数据程序的编写方法。

能力目标
1. 能够使用 myDAQ 和计算机搭建系统。
2. 能够根据系统功能要求编写测控程序。
3. 能够正确进行系统调试。
4. 能够完整描述系统功能，并规范撰写项目报告。

素养目标
1. 具有良好的工程意识和严谨的工作作风，自觉遵守工程规范和职业道德。
2. 具有分析问题、解决问题的能力。
3. 具有良好自我学习能力，具有勇于创新、敬业乐业的工作作风。
4. 具有良好的实验习惯，操作规范，爱护实验设备，注意个人安全。
5. 具有正确的劳动价值观，养成良好的劳动习惯和品质。

任务要求

设计一个基于 myDAQ 的体温测量仪，实现如下功能。
1) 采集温度信号，显示当前温度和一段时间的温度变化曲线。

2)"当前温度"与"温度上限""温度下限"进行比较,"当前温度"高于"温度上限",提示温度过高,并输出报警、点亮红色指示灯;"当前温度"低于"温度下限",提示温度过低,输出报警、点亮黄灯;"当前温度"在"温度上限"和"温度下限"之间,提示温度正常,点亮绿色指示灯。

3)按下"开始"按钮,开始温度采集过程;按下"停止"按钮,停止温度采集过程。

实践环境

硬件设备:计算机 1 台,myDAQ 1 个,测量显示电路板 1 个(注:测量显示电路板可以用 1 个 myboard 加上交通灯模块和热电偶模块;或者使用面包板、3 个发光二极管、3 个 500 Ω 电阻、3 个 9013 晶体管和 1 个 LM35D,搭建测量显示电路)。

软件环境:LabVIEW、myDAQ 驱动。

任务 9.1 体温测量仪硬件系统设计

体温测量仪的系统构成框图如图 9-1 所示,其中,测量显示电路把温度信号转变成标准的电信号,送到虚拟仪器设备 myDAQ,再转换为标准的数字信号,通过标准的 USB 数据线送到计算机,在计算机上编写程序进行数据分析、处理、显示等,并把控制量发送到虚拟仪器设备,虚拟仪器设备再把控制量送到测量显示电路,控制指示灯的点亮和熄灭。

图 9-1 体温测量仪系统构成框图

1. 使用 myboard 构建系统

myboard 是泛华基于 NI myDAQ 产品开发设计的实验套件,它有独立的两个实验插槽,左边的是数字槽位,右边是模拟槽位。myboard 供电电源采用 USB 电源,可以插入计算机的 USB 口,也可以插在 USB 电源上。

先把交通灯模块插入左边的数字槽位,热电偶模块插入右边的模拟槽位,然后把 myboard 上端的端口直接插入 myDAQ 端口上,再把 myDAQ 的 USB 数据线插入计算机的 USB 口。这样硬件系统就搭建好了,如图 9-2 所示。系统搭建好之后,此时的地址对应关系是:交通灯模块上的第一个红灯地址为 myDAQ 的 DIO0,黄灯地址为 DIO1、绿灯地址为 DIO2;热电偶模块的 LM5D 则占用 myDAQ 的 AI1 通道,接 AI1+和 AI1-这两个端口。

2. 搭建测量显示电路

搭建测量显示电路用到的元器件有晶体管、电阻、发光二极管和 LM35D,其原理图如图 9-3 所示。按照原理图在面包板上搭建电路,然后与 myDAQ 的 I/O 通道相连,再把 myDAQ 与计算机连接,系统就搭建好了。

图 9-3 中间的方框表示 myDAQ,myDAQ 的左侧为温度测量电路,这里选用集成温度传感器 LM35D。LM35D 可以用 myDAQ 供电,用导线把 LM35D 的电源正极端(1 号端口)与 myDAQ 的+15 V 连接、电源的负极端(3 号端口)与 myDAQ 的模拟地 AGND 连接。LM35D 的电压信号输出端(2 号端口),接到 myDAQ 的模拟信号输入端。myDAQ 有两路模拟信号差分

输入端,分别是 AI0 和 AI1,如果选用 AI1 通道,则把 LM35D 的 2 号端口连接到 AI1+、3 号端子连接 AI1-。

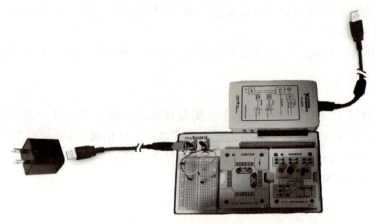

图 9-2 用 myboard 构建的体温测量仪系统

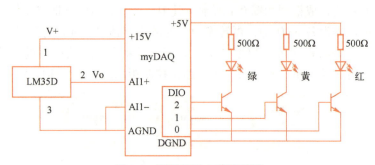

图 9-3 测量显示电路原理图

图 9-3 的右侧为显示电路,晶体管基极与 myDAQ 的 DIO 端相连,DIO 通道是 TTL 标准,当输出高电平时,晶体管饱和导通,发光二极管发光;当输出低电平时,晶体管截止,发光二极管熄灭。红灯由 DIO0 输出信号控制、黄灯由 DIO1 输出信号控制、绿灯由 DIO2 输出信号控制。向这 3 个通道写入布尔量,可以控制 3 个灯的亮灭。

任务 9.2　指示灯控制程序设计

按照任务要求,3 个指示灯根据"当前温度"也即测量温度的情况来点亮:"当前温度"与"温度上限"和"温度下限"进行比较,"当前温度"高于"温度上限",点亮红色指示灯;"当前温度"低于"温度下限",点亮黄灯;"当前温度"在"温度上限""温度下限"之间,点亮绿色指示灯。

1. 开关控制 3 个指示灯程序设计

开关控制 3 个指示灯程序框图如图 9-4a 所示,具体的设计步骤如下。

1)新建一个 VI。选择"函数"选板→"测量 IO"→"创建虚拟通道",放置在程序框图窗口。在多态 VI 选择"创建虚拟通道"→"数字输出",表示输出信号为数字量,用来控制指示灯的亮与灭。在输入端"线"端口上右击,从弹出的快捷菜单中选择"创建"→"输入控件",用来输入 3 个指示灯的物理通道。

2）双击此输入控件，将其标签修改为"DIO 通道"，如图 9-4b 所示。

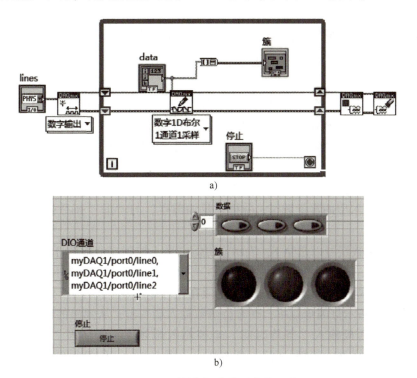

图 9-4　开关控制 3 个指示灯的程序
a）程序框图　b）前面板

3）回到程序框图，选择"函数"选板→"DAQmx 写"，多态 VI 选择"数字"→"单通道"→"单采样"→"1D 布尔（N 线）"。在 DAQmx 写后面再放一个停止任务、一个清除任务。

4）要连续执行"写"这个动作，在"写"多态 VI 外面加一个 While 循环。在条件停止端上右击，从弹出的快捷菜单中选择"创建输入控件"，添加一个"停止"按钮，用来停止循环。

5）在这个写多态 VI 的数据端口右击，从弹出的快捷菜单中选择"创建输入控件"，控件为一个布尔型的一维数组"data"。

6）下面做一个布尔量的"簇"，用来放置 3 个指示灯。这里用"簇"而不用"数组"，因为 3 个灯属性不同。在前面板放一个指示灯，并删除指示灯标签，将其复制成 3 个，对齐，均匀分布。

接下来修改指示灯的颜色，右击第一个指示灯，从弹出的快捷菜单中选择"属性"，在弹出的窗口中，将指示灯"开"状态设置为"红色"、"关"状态设置为"暗红色"，黄色指示灯如法炮制，绿灯不变。新建一个簇，把 3 个灯放进去，右击簇边框，从弹出的快捷菜单中选择"匹配大小"。

7）回到程序框图，选择"函数"选板→"数组"→"数组至簇转换"函数，连接到"data"数组和指示灯簇之间。由于指示灯簇有 3 个元素，因此需要右击"数组至簇转换"函数，从弹出的快捷菜单中选择"簇大小"，把默认值 9 修改成 3。

8）切换到前面板，"DIO 通道"中有 8 个选项供选择，对应着 myDAQ 的 8 个 DIO 通道。

选择"myDAQ1/port0/line0",复制成 3 份,每个地址之间用英文逗号分开,依次修改为 0、1、2,如图 9-4b 所示。

运行程序,并单击 3 个开关控制指示灯。可以看到,前面板和实际电路上的发光二极管相应点亮和熄灭。

2. 指示灯闪烁程序设计

指示灯闪烁程序框图如图 9-5a 所示,该程序与开关控制 3 个指示灯程序编写方法类似,与图 9-4a 相比,可知只有输出的数据"data"发生了变化,用一个可以自动变化的数组替换原来的数组输入控件。程序循环一次这个变化的数组就取反一次。操作步骤如下。

1)选择"函数"选板→"编程"→"布尔"→"非",进行取反运算。

2)选择"函数"选板→"编程"→"结构"→"反馈节点",在该反馈节点的"初始化接线端"连接一个布尔型的常量数组,并把"反馈节点"与"非"函数按照如图 9-5a 所示进行连接。

该布尔型的常量数组可以是全 F,表示输出低电平,控制 3 个指示灯熄灭,循环一次取反一次,取反后全是 T,表示输出高电平,控制 3 个指示灯点亮。不断循环下去,就会出现 3 个指示灯一亮一灭的闪烁效果。注意,该数组要放在循环体外。

3)下面来控制指示灯闪烁频率,在等待函数输入端右击,从弹出的快捷菜单中选择"创建输入控件",在前面板输入"等待时间"来控制闪烁频率。先输入"1000",运行程序亮 1000 ms 灭 1000 ms;修改"等待时间":亮 500 ms、灭 500 ms,闪烁得更快。前面板如图 9-5b 所示。

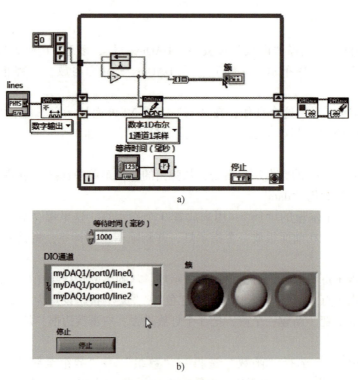

图 9-5 指示灯闪烁程序
a)程序框图 b)前面板

以上就是 3 个指示灯控制程序的编写过程，8 个之内的布尔量输出程序都是相同的编写方法。比较上面的两个例子，不难发现点亮指示灯方法的差别取决于输出的布尔量数组数据。

任务 9.3 温度信号采集程序设计

9.3.1 温度信号采集主程序设计

LabVIEW 中使用 DAQmx 驱动编写模拟信号采集程序的基本步骤：配置资源→时钟设定→开始采集→读/写操作→关闭资源。为了采集连续信号，将"读/写操作"这个步骤放置于 While 循环结构中。温度信号采集程序如图 9-6 所示，该程序就包含了上述 5 个步骤。

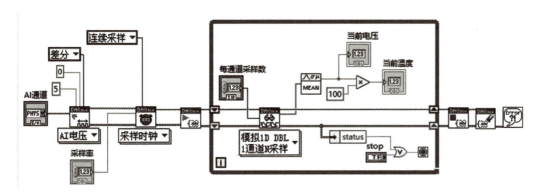

图 9-6　温度信号采集程序

1）新建一个 VI，选择"函数"选板→"测量 IO"→"DAQmx"→"创建虚拟通道"，将其放置在程序框图上，用来设置物理通道。多态 VI 默认选择"模拟-电压"模式。

2）右击该多态 VI 的物理通道端，从弹出的快捷菜单中选择"创建输入控件"，用来设置 AI 通道地址。

3）在最大值端右击，从弹出的快捷菜单中选择"创建常量"，默认值是 5，单位是 V。由于温度传感器测温范围是 0~100℃，对应的输出电压范围就是 0~1 V，该常量不需要修改，保持 5 即可。

4）在最小值端右击，从弹出的快捷菜单中选择"创建常量"，默认值为-5，可以修改为 0。

5）在该多态 VI 的输入接线端配置端口上右击，从弹出的快捷菜单中选择"创建常量"，选择"差分"方式。

6）选择"测量 IO"→"DAQmx"→"DAQmx 定时"节点，放在程序框图里。

7）在它的速率端右击，从弹出的快捷菜单中选择"创建输入控件"，用来输入采样率，即每秒采样次数。

8）在采样模式端右击，从弹出的快捷菜单中选择"创建常量"→"连续采样"。

9）再放一个"DAQmx 开始任务"用来开始采集动作，它与"停止任务""清除任务"配合使用。"停止任务"和"清除任务"用来释放资源，这是优质线程不可或缺的部分，在读写操作完成后，将线程中使用到的硬件资源全部释放，便于资源的重复利用，提高效率。

10）选择"测量 IO"→"DAQmx"→"DAQmx 读取"，它也是一个多态 VI，选择"模拟-单通道-多采样-1D DBL"模式；含义是只采集一个通道的数据，每执行一次连续采集 N 个数据，构成一个双精度浮点数的一维数组，数组有 N 个元素。在该多态 VI 的输入端，"每通道采样数"端口上创建输入控件，用来输入采样数 N。

11）控制采集温度信号的频率。由于温度是慢信号，采样频率可设置为 500 下/秒，此时如果设置采样数 N=250，那么循环一次，用时=250/500=0.5（秒），就是每 0.5 秒循环一次。每次循环采集的数据，是 250 个成员的一维数组，取这 250 个数的平均值作为本次采样的数据。

"均值"函数在"函数"选板→"数学"→"概率与统计"里面，在均值函数的输出端创建显示控件，就是这次循环采集的数据值，命名为"当前电压"，作用是把温度信号转成标准的电压信号。模拟电压的采集就完成了。

由于 LM35D 灵敏度为 10 mV/℃，所以摄氏温度 t 就等于电压 u 除以 100 mV/℃，即电压 u 乘以 100 mV/℃就等于温度 t。打开程序框图，乘 100，创建显示控件，标签修改为"当前温度"。

12）运行程序，观察当前温度变化。温度采集的程序就设计好了。

9.3.2 温度比较子程序设计

温度信号采集之后，还要进行分析、处理、显示、报警等。为了程序简洁，下面用子程序来实现部分功能。

1）新建 VI，保存为"温度比较子 VI"。选择"控件"选板→"数值型输入控件"，放置该控件，命名为"当前温度"，再放置两个"数值型输入控件"，分别为"温度上限"和"温度下限"。

2）切换到程序框图窗口，选择"函数"→"编程"→"比较"→"大于函数""小于函数"，并将其放置在程序框图，如图 9-7 所示。

3）选择"函数"→"编程"→"字符串"，放置 3 个字符串常量，将常量值修改为"温度过高""温度过低"和"温度正常"。

4）按照图 9-7a 左侧进行连接，"当前温度"大于"温度上限"，选择"温度过高"，如图 9-7b 所示；"当前温度"小于"温度下限"，选择"温度过低"，如图 9-7c 所示；否则选择"温度正常"。

5）在程序框图窗口放置一个条件结构，用温度状态作为分支选择器输入，用来选择不同的分支。将"温度正常"分支作为默认分支，把"假"分支标签修改为"温度正常"。"真"分支标签改为"温度过高"。然后右击选择器标签，在后面添加分支，将其标签修改为"温度过低"。

6）创建一个布尔型数组常量，作为指示灯的输入，控制指示灯的亮、灭。"温度过低"分支布尔型数组常量取值为 FTF，中间黄色灯对应为真，红、绿为假；"温度过高"分支布尔型数组常量取值为 TFF，"温度正常"分支布尔型数组常量取值为 FFT。

把每个分支的数组连接到条件结构的边框上。在数据隧道上右击，从弹出的快捷菜单中选择"创建显示控件"，用来显示温度状态。

7）切换到前面板，把布尔量数组拖拽成 3 个元素，然后把控件摆整齐，如图 9-8 所示。

8）双击窗口右上角的图标，打开图标编辑窗口，关闭默认图层；符号里选择温度计，并加框，关闭图标编辑窗口。

9）在连线板上右击，从弹出的快捷菜单中选择"3 个输入、2 个输出"，再将连线板端口和控件相连。3 个输入端分别连接"当前温度""温度上限"和"温度下限"；输出端分别连接"温度状态"字符串和布尔数组。连接时注意顺序。

10) 保存这个子程序,以备主程序调用。

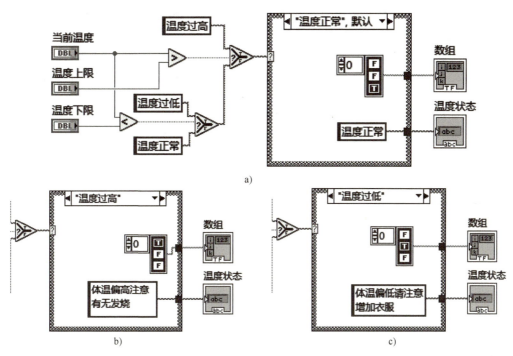

图 9-7 温度比较子 VI 程序框图

a) 温度正常 b) 温度过高 c) 温度过低

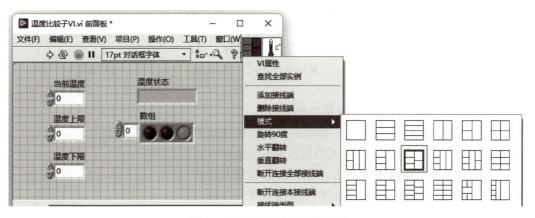

图 9-8 温度比较子程序前面板

9.3.3 调用温度比较子程序

前面做好的模拟量温度信号采集程序见图 9-6,下面来调用子程序。

1) 选择"函数"选板→"选择 VI…"→"温度比较子 VI.vi",单击"确定"按钮,回到主程序界面。可以看到,子程序的图标出现在当前界面。3 个输入端依次是"当前温度""温度上限""温度下限",输出端分别是字符串型的温度状态和布尔量数组。子 VI 的使用和其他函数方法相同。

2）把"当前温度"连到第一个输入端口上，在第二个输入端口上创建"温度上限"输入控件、第三个输入端口上创建"温度下限"输入控件。输出端上边的端口上创建温度状态显示控件，下边的端口上连接"数组至簇转换"函数，簇大小修改为 3，然后放置事先做好的指示灯簇（见 9.2 节）。

3）切换到前面板，选择"控件"选板→"新式"→"图形"→"波形图表"，将其放在程序的前面板，用来显示一段时间的温度变化情况，并把"温度上限"和"温度下限"都显示在波形图表里。

4）切换到程序框图，选择"函数"选板→"簇类与变体"→"捆绑"，把"当前温度""温度上限"和"温度下限"按顺序捆绑，然后连接到波形图表。

5）运行程序，设置温度上、下限为 30~35，"当前温度"为 27~32。要注意这 3 条曲线的顺序，"当前温度"为绿色、"温度上限"为红色、"温度下限"为蓝色。

任务 9.4　体温测量仪系统程序设计

9.4.1　系统程序结构设计

根据项目分析和任务要求，体温测量仪系统程序流程图如图 9-9 所示。

程序流程图主要分 3 大部分：开始和初始化部分；然后是中间部分，主要完成数据采集、数据处理、报警等；最后是停止任务部分，当停止按钮按下时执行这部分，否则一直连续执行中间部分。根据以上分析，程序结构可采用"事件结构+While 循环"的形式。事件结构应该有 3 个分支：开始分支、数据处理分支、停止分支。具体编写步骤如下。

1）新建一个 VI，命名为"体温测量仪"。选择"函数"选板的"编程"→"结构"→"While 循环"，将其放置在程序框图。

2）选择事件结构，放入 While 循环框架内。

3）在事件结构超时端右击，在弹出的快捷菜单中选择"创建常量"，默认是"-1"，表示永不进入超时分支。

4）在循环体的数据隧道上右击，在弹出的快捷菜单中选择"替换为移位寄存器"。现在的事件结构只有一个超时分支，在该分支设计数据处理使能，此外还需要设计开始分支和停止分支。

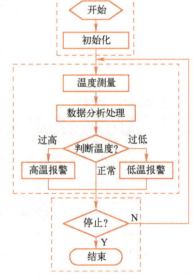

图 9-9　体温测量仪系统程序流程图

5）在前面板放置一个"确定"按钮，命名为"开始按钮"。

6）右击事件结构选择器，从弹出的快捷菜单中选择"添加事件分支"。

7）添加"开始按钮：值改变"，表示按下该按钮就会进入该分支。最后把"开始按钮"移到该分支。

8）以相同的方法，再放一个"停止按钮"。添加事件分支，"停止按钮：值改变"，并把停止按钮移到该分支。

9）在停止分支还要放一个真常量，连接到 While 循环条件停止端。

10）光标滑到数据隧道位置，未连线时使用默认选项，表示其他分支不用放置布尔量，默认为假，即不停止循环。

编写好之后程序结构如图 9-10 所示，现在事件结构就有 3 个分支了。对应程序框图的 3 大块，开始和停止都有对应分支，而中间的数据采集、分析处理部分就放到超时分支。

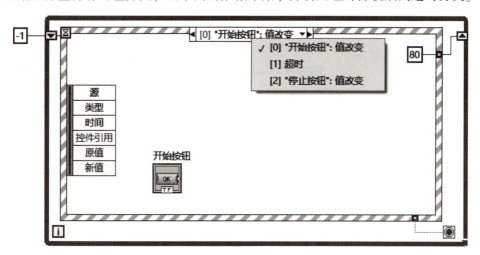

图 9-10　系统程序结构

11）在开始分支的事件结构右侧，放一个常量，连接到超时移位寄存器，赋值一个比较小的常量，比如 80 ms。

由于初始时刻给超时端赋值"-1"，程序运行不会进入超时分支，当按下"开始按钮"时，进入开始分支，当执行完开始分支后，80 ms 被送到事件结构超时端，等待 80 ms 后，进入超时分支，进行数据采集、分析处理等工作。超时分支不放置数值常量，默认为 0。没有其他动作时，就反复执行超时分支。按下"停止按钮"，进入停止分支，真常量赋值给条件停止端，停止进程。停止分支超时移位寄存器也不用放置数值常量。

12）最后，高亮显示程序执行过程，观察执行过程是否正确。

9.4.2　系统程序设计

完成程序结构设计后，就可以进行每个分支的程序设计了。

1. 开始分支

在开始分支进行模拟量采集、数字量输出的设置工作。根据前面介绍的模拟量采集程序设计方法进行设计，分别放置创建虚拟通道、定时、开始任务，如图 9-11 所示。

根据指示灯控制程序设计方法，创建虚拟通道，多态 VI 选择数字输出。把 AI 和 DO 两个进程的任务线和错误簇连接起来，并连接到 While 循环的边框上，注意把 While 循环上的数据隧道用移位寄存器替换。

2. 超时分支

在超时分支进行模拟量采集和数字量输出以及信号分析处理等。

1）首先放一个 DAQmx 读取，多态 VI 选择"模拟"→"单通道"→"多采样"→"1D DBL"，连接任务线和错误簇；在每通道采样数端创建输入控件，用来设置采样数；在输出端放一个均值函数，计算平均值，再创建显示控件，标签修改为"当前电压"；把当前电压乘以

100 转成温度信号，创建显示控件，命名为"当前温度"。

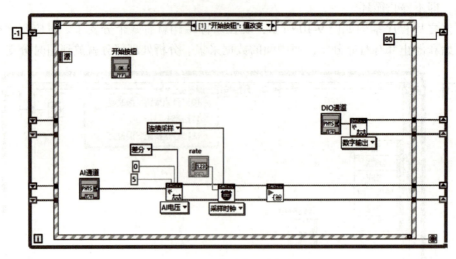

图 9-11　开始分支程序框图

2）调用"温度比较子 VI"，按照图 9-12 所示进行设计。创建"温度上限"和"温度下限"输入控件，并连接指示灯簇；"当前温度""温度上限""温度下限"捆绑后，送入波形图表显示。

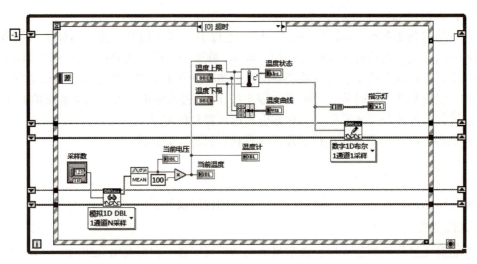

图 9-12　超时分支程序框图

3）在"当前温度"处，放一个温度计，用来形象显示温度变化，温度计的范围设置为 0~50℃。

4）放一个 DAQmx 写，多态 VI 选择"数字"→"多通道"→"单采样"→"1D 布尔 N 线"，并把子程序的布尔数组输出端连接到 DAQmx 写的数据输入端。注意连接任务线和错误簇线。

3. 停止分支

停止分支如图 9-13 所示。

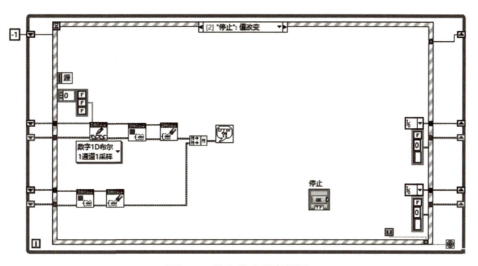

图 9-13 停止分支程序框图

1）在停止分支的 AI 进程上放置停止任务、清除任务。
2）在 DO 进程上放置 DAQmx 写。
3）多态 VI 选择"数字"→"多通道"→"单采样"→"1D 布尔 N 线"。
4）在数据输入端创建常量，数组里面设置为 3 个假常量。
5）放置停止任务、清除任务，把两个清除任务的错误输出合并（用"函数"选板→"编程"→"对话框与用户界面"→"合并错误"函数）。
6）放一个"简易错误处理"，它也在"对话框与用户界面"里。
7）在循环体右侧的每一个数据隧道上右击，从弹出的快捷菜单中选择"创建常量"。
8）切换到前面板，设置 IO 通道，设置"温度上限"和"温度下限"的当前值为默认。
9）运行程序，单击开始按钮，看显示数据和曲线变化情况。到这里程序就编写完成了。

9.4.3 前面板设计

前面板设计主要有选项卡使用、修饰和控件属性设置，如图 9-14 所示。

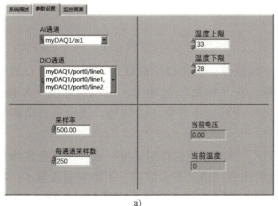

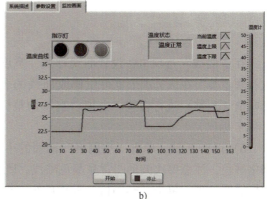

a)   b)

图 9-14 前面板
a)"参数设置"选项卡　b)"监控画面"选项卡

1) 设计 3 个选项卡，分别是系统描述、参数设置、监控画面。选择"控件"选板→"新式"→"容器"→"选项卡"，将其放到前面板，添加 3 个选项卡，拖拽到合适大小，并修改名称，如图 9-14 所示。将控件分类拖拽到相应选项卡内。注意，这里只是分类放置控件，不影响程序运行。

2) 把系统的功能、使用方法等信息放在"系统描述"选项卡内。把 AI 通道、DIO 通道、采样率、每通道采样数、温度上限、温度下限、当前电压、当前温度等放在"参数设置"选项卡内，并排列整齐，可以放分割线进行分类，如图 9-14a 所示。

3) 把波形图表、指示灯簇、温度状态字符串、温度计、开始和停止按钮都放在"监控画面"选项卡内，如图 9-14b 所示。把选项卡内的控件摆整齐，调整大小，并进行适当修饰。按下〈Ctrl+A〉全部选中控件，用〈Ctrl+〉、〈Ctrl-〉来改变字号大小。

4) 把波形图表标签修改为"温度曲线"，并拖拽出 3 个图例，按照捆绑顺序分别命名为当前温度、温度上限、温度下限。波形显示区域的背景用工具选板的涂色工具涂成淡灰色。在工程上，监控画面背景为灰色，长时间运行时，运行人员眼睛比较舒适。

5) 右击波形图表，从弹出的快捷菜单中选择"属性"，打开属性窗口，如图 9-15 所示。外观、显示格式、说明信息、数据绑定和快捷键选项卡不用修改。

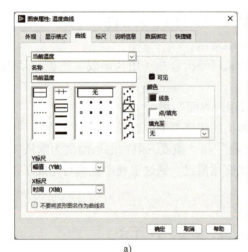
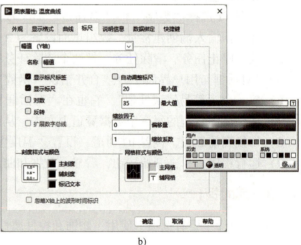

a)

b)

图 9-15　波形图表属性
a)"曲线"选项卡　b)"标尺"选项卡

在"曲线"选项卡，设置曲线样式、宽度、颜色等，也可以给曲线加点以及设置点的形状和颜色等。在该选项卡也可以修改曲线的名称。在"标尺"选项卡，可以对时间（X 轴）和幅值（Y 轴）进行设置。去掉"自动调整标尺"项前边小方框中的勾选，表示不自动调整 X 和 Y 标尺。

6) 选择 Y 轴，单击"主网格"前面的小方框，弹出颜色选择对话框，选择淡灰色作为主网格颜色，注意要比波形图背景颜色略浅，既能看出有网格又不太醒目，不影响曲线显示；辅网格透明处理：单击"辅网格"前面的小方框，选择颜色选择对话框，选择右上角的"T"即可。设置网格样式和颜色之后，其他项默认即可。

7) 切换到前面板，在指示灯簇边框右击，调整到合适大小，修改标签之后，隐藏。用"工具"选板的涂色功能将簇背景进行透明处理，拖到合适的位置。还可以对选项卡涂色对文字修改颜色等。

以上就完成了整个体温测量仪的程序设计。

拓展任务 9.5　系统调试

系统调试操作步骤如下。

1) 搭建硬件系统。使用 myboard 时，首先把交通灯模块和热电偶模块插到 myboard 的插槽里，然后把 myDAQ 与 myboard 端接上，myboard 的 USB 电源线插到 USB 电源或者计算机的 USB 口，观察硬件上的指示灯都被点亮；搭建电路时，按照图 9-3 的测量显示电路原理图，把测量和显示电路与 myDAQ 连接。

2) 把 myDAQ 的数据端通过 USB 数据线与计算机相连。

3) 打开编好的程序，在"参数设置"选项卡检查物理地址是否填写正确（正确地址是 AI1；P0.0-P0.2），输入电压的最大值为 5 V，最小值为 0 V，采样率为 500 次/s，采样数为 250，"温度上限"和"温度下限"根据室温情况选择。夏天可以选择 30~35℃，冬天可以选择 27~32℃。将当前值设为默认，避免数据丢失。

4) 运行程序，单击开始按钮，观察温度变化。用手指捏住 LM35D，再观察温度变化。当温度不再有明显变化时，记录温度值。适当改变"温度上限"和"温度下限"，查看高温报警和低温报警效果。

5) 进行温度测量，记录数据、截取图片。

6) 对数据进行分析整理，完成项目报告。

9.6　思考题

1. 使用简单状态机设计体温测量仪程序。
2. 根据温度变化，改变温度状态字符串的文本颜色或者背景颜色。

项目 10　基于 myDAQ 的音频信号处理系统设计

【项目描述】

项目目标

知识目标
1. 了解音频处理信号的原理。
2. 掌握使用 LabVIEW 编写程序对 myDAQ 进行操作的方法。

能力目标
1. 能够使用条件结构创建和设计项目。
2. 能够使用 DAQ 助手、DAQ 函数等编写信号采集程序与生成项目程序。
3. 能够正确进行系统调试。
4. 能够完整描述系统功能，并规范撰写项目报告。

素养目标
1. 具有分析问题、解决问题的能力。
2. 具有良好的自主学习能力，并主动获取新知识。
3. 具有正确的劳动价值观，养成良好的劳动习惯和品质。

任务要求

用 LabVIEW 编写程序，对音频信号进行处理，程序要求实现以下功能：
1）读取 wav 文件，显示其时域波形和频谱。
2）为波形文件添加低通滤波器处理并保存。
3）为波形文件添加高通滤波器处理并保存。
4）基于 myDAQ 进行实际的音频信号处理。

实践环境

硬件设备：计算机、NI myDAQ。
软件环境：LabVIEW、NI myDAQ 驱动。

任务 10.1　编写 myDAQ 操作程序

选择"函数"面板→"编程"→"测量 I/O"→"DAQmx-数据采集"，其包含的函数如图 10-1 所示。

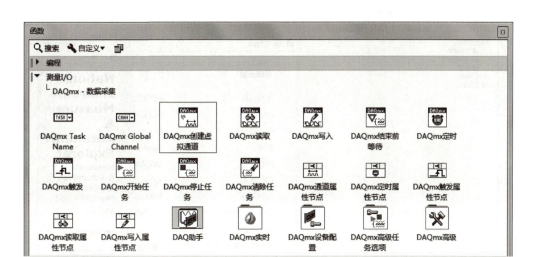

图 10-1　DAQmx-数据采集包含的函数

10.1.1　配置与采集硬件数据

1）选择"开始"菜单→"National Instruments"→"NI MAX",如图 10-2 所示。

2）出现设备管理界面,如图 10-3 所示。

3）双击"我的系统"→"设备和接口",当硬件设备正确连接后系统将会识别到硬件设备的名称,如 NI myDAQ "myDAQ1",如图 10-4a 所示,显示绿色图标（注：若计算机连有其他硬件设备,设备名称可能会不同）。

4）为了判断设备工作是否正常,需要对设备进行自检。在设备名称（如 NI myDAQ "myDAQ1"）上右击,从弹出的快捷菜单中选择"自检",自检完成后会在前面出现绿色的"√",并显示"自检成功完成",如图 10-4b 所示。

5）若无实际的硬件设备,可在"设备和接口"处右击,从弹出的快捷菜单中选择"新建"→"仿真 NI-DAQmx 设备或模块化仪器",如图 10-5 所示。

图 10-2　选择"开始"菜单中的"NI MAX"

6）在"创建 NI-DAQmx 仿真设备"界面下选择"教育硬件"→"NI myDAQ",如图 10-6 所示,单击"确定"按钮后,会在"设备和接口"下出现黄色图标的 NI myDAQ "my DAQ1"。

7）单击如图 10-4b 中右上角的"测试面板",打开"测试面板",如图 10-7 所示,其有"模拟输入""模拟输出""数字 I/O""计数器 I/O"选项卡,可对其进行相应的设置。

8）这里以模拟输入为例,通过 AI0 端口采集电压信号,通道名、模式、输入配置等使用默认设置。单击绿色的"开始"按钮,可得到采集的电压信号,单击"停止"按钮,幅值与采样图表如图 10-8 所示。图中显示的是干扰信号,如果此时在 AI0 通道上输入模拟信号,就会在这里显示出来。

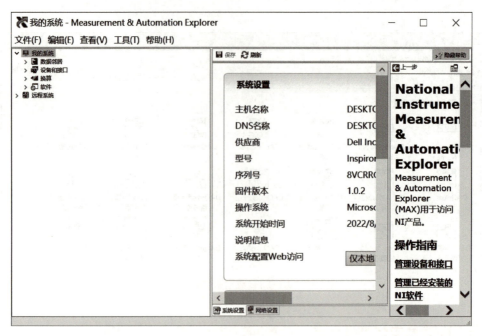

图 10-3 设备管理界面

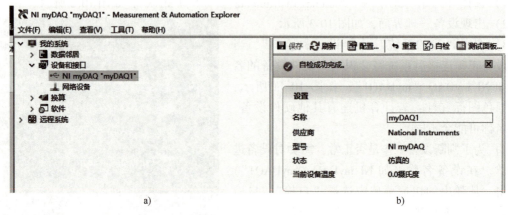

a) b)

图 10-4 NI myDAQ 自检界面

a) NI myDAQ "myDAQ1" 设备 b) 自检成功完成

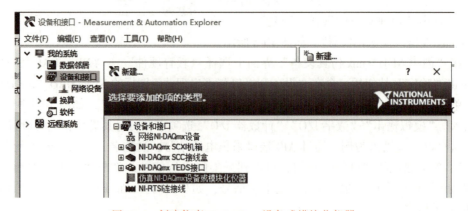

图 10-5 创建仿真 NI-DAQmx 设备或模块化仪器

图 10-6　选择仿真设备为 NI myDAQ

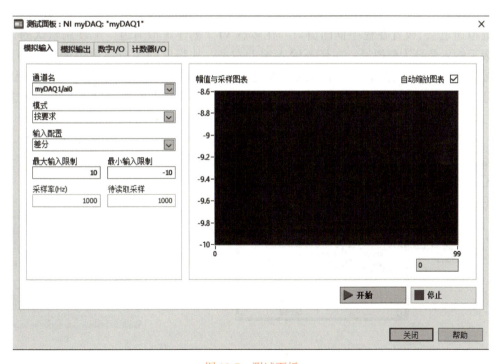

图 10-7　测试面板

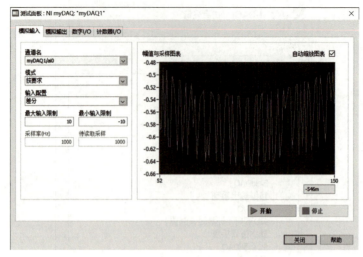

图 10-8 从 AI0 端采集到的模拟电压信号

10.1.2 编写程序

本节学习使用 LabVIEW 编写程序对 myDAQ 进行操作的方法。一个基于 DAQmx 的测量 I/O 程序通常包含 DAQmx 创建虚拟通道（规定信号采集或信号生成等任务）、物理通道、DAQmx 开始任务、DAQmx 写入、DAQmx 读取、需要读取或写入的数据、DAQmx 停止任务、DAQmx 清除任务、简易错误处理器等。这里介绍简单的 AI、AO、DI、DO 程序的编写。

1. AI 程序编写

单通道单点采集的 AI 程序框图如图 10-9a 所示，具体的设计步骤如下。

1) 新建一个 VI。选择"函数"选板→"编程"→"测量 IO"→"DAQmx-数据采集"→"创建虚拟通道"，放置在程序框图窗口。在多态 VI"创建虚拟通道"上使用默认的"AI 电压"，表示输入信号为模拟量；在任务输入端上右击，从弹出的快捷菜单中选择"创建"→"输入控件"，用来输入模拟输入信号的物理通道；在最大值端右击，创建常量，使用默认值 5；在最小值端右击，创建常量，使用默认值-5；在输入接线端配置端口上右击，创建常量，选择"差分"。

2) 双击此输入控件，在前面板中将其标签修改为"物理通道"，如图 10-9b 所示。

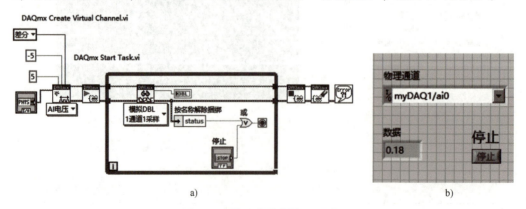

a)   b)

图 10-9 单通道单采样 AI 程序
a) 程序框图 b) 前面板

3）回到程序框图，选择"函数"选板→"测量IO"→"DAQmx 数据采集"→"DAQmx 读取"，多态VI使用默认的"模拟 DBL1 通道 1 采样"。在 DAQmx 读取前面放一个 DAQmx 开始任务，后面再放一个 DAQmx 停止任务、一个 DAQmx 清除任务、一个简易错误处理器（简易错误处理器在"编程"→"对话框与用户界面"下，也可以通过搜索找到）。

4）要连续执行"读取"这个动作，需要在"读取"多态VI外面加一个 While 循环。在条件停止端上右击，创建输入控件，添加一个"停止"按钮，用来停止循环。

5）在这个读取多态VI的数据端右击，创建显示控件，控件为一个 DBL 型数据。

6）将"创建虚拟通道"的任务输出端与 DAQmx 开始任务的任务/通道输入端相连，将 DAQmx 开始任务的任务输出端与"DAQmx 读取"的任务/通道输入端相连，将"DAQmx 读取"的任务输出端与 DAQmx 停止任务的任务/通道输入端相连，将 DAQmx 停止任务的任务输出端与 DAQmx 清除任务的任务输入端相连。

7）将以上各 DAQmx 函数的错误输出端与错误输入端相连，最后送到简易错误处理器的错误输入（无错误）端。

8）回到程序框图，选择"函数"选板→"编程"→"簇、类与变体"→"按名称解除捆绑"，在前面板放置"按名称解除捆绑"函数，将"按名称解除捆绑"的输入簇端与 DAQmx 读取的错误输出端相连。

9）切换到前面板，在"物理通道"选择硬件地址，这里有5个选项供选择，对应着 myDAQ 的5个物理通道，如图 10-10 所示，其中 ai0 和 ai1 为两个模拟输入通道，这里选择 myDAQ1/ai0。

图 10-10 AI 电压对应 myDAQ 的 5 个物理通道

10）运行程序，在前面板数据显示控件显示数值。当与计算机连接的硬件设备 myDAQ 的 ai0 端与实际电路板上提供电压的端口相连时，显示的是实际电路板上提供电压的端口处的电压值；若无硬件设备实体，采用的是仿真 NI-DAQmx 设备或模块化仪器，则显示的是随机值。

图 10-9 是一个单通道单点采集的例子，在编写程序时要将多态VI选择器 DAQmx 的创建虚拟通道进行正确设置，本例为采集模拟电压信号，所以选择"AI电压"；输入的信号需要读取出来，并将数据在前面板上显示出来，所以需要用 DAQmx 读取函数，并将读取的结果用显示控件显示出来；"物理通道"下拉菜单中会自动过滤可供选择的设备名称及物理通道，若 DAQmx 创建虚拟通道的多态VI选择器设置错误，则没有模拟输入的物理通道供选择；因为是在一个通道中采集一个信号，所以对于 DAQmx 读取的多态VI选择器选择"模拟 DBL1 通道 1 采样"。

若要改成多通道单点采集，需要在3处进行修改，一是将 DAQmx 读取的多态VI改成"N通道1采样"（即选择"模拟"→"多通道"→"单采样"→"1D DBL"）；二是将读取的 DBL 型数据删除，重新在数据端创建显示控件，显示控件从数值型元素改成数组；三是将原来的物理通道删除，重新在物理通道端创建输入控件，在设置物理通道时可添加多个通道（可先选择 myDAQ1/ai0，并将 myDAQ1/ai0 复制后，将0改成1，即 myDAQ1/ai1，两个物理通道之间用英文逗号隔开），如这里添加 myDAQ1/ai0 及 myDAQ1/ai1，将数据数组展开，可观察到采集的数据数组显示如图 10-11a 所示，其程序框图如图 10-11b 所示。

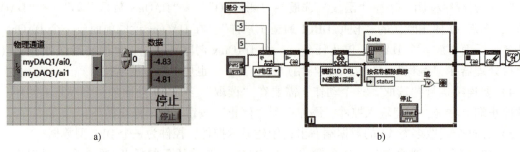

图 10-11 多通道单采样 AI 程序
a) 采集的数据数组显示 b) 程序框图

2. AO 程序编写

在图 10-9 单通道单采样 AI 程序的基础上修改,得到"1 通道 1 采样"的 AO 程序,如图 10-12 所示。

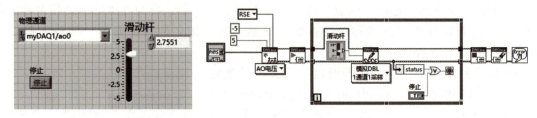

图 10-12 "1 通道 1 采样"的 AO 程序

1)将多态 VI "创建虚拟通道"的 AI 电压改成 AO 电压(即选择"模拟输出"→"电压")。

2)将 DAQmx 读取函数替换为 DAQmx 写入函数,多态 VI 使用默认的"模拟 DBL1 通道 1 采样"。

3)将读取数据显示控件删除,在 DAQmx 写入函数的输入端右击,创建输入控件,为方便调节也可用液罐或滑动杆等代替(在前面板上右击,从弹出的快捷菜单中选择"控件"→"新式"→"数值"→"垂直填充滑动杆"),在滑动杆上右击,从弹出的快捷菜单中选择"显示项"→"数字显示"。

4)将原有的物理通道删除后重新创建输入控件,并在前面板上重新选择物理通道为"myDAQ1/ao0"或"myDAQ1/ao1"。

5)运行程序,调整滑动杆或液罐的数值,也可以用万用表在 myDAQ 的 ao0 端测试,看万用表数值与前面板上滑动杆或液罐显示的数值是否一致,若一致,说明模拟输出电压正常。当然,也可用 myDAQ 集成的数字万用表测试 ao0 端的数值,与前面板上滑动杆的数值对比。

3. DI 程序编写

在图 10-9 单通道单采样 AI 程序的基础上修改,得"数字布尔 1 线 1 点"的 DI 程序,如图 10-13 所示。

1)将多态 VI "创建虚拟通道"的 AI 电压改成数字输入,并删除其最大值、最小值及输入接线端配置端的连线值。

2)将多态 VI "DAQmx 读取"的"模拟 DBL1 通道 1 采样"改成"数字布尔 1 线 1 点"

（即选择"数字"→"单通道"→"单采样"→"布尔（1线）"）。

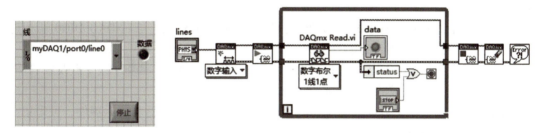

图 10-13 "数字布尔 1 线 1 点"的 DI 程序

3）模拟采集（AI）时读取电压数据为数值型，数字采集（DI）读取的电压数据为布尔型，所以需删除原有的 DBL 型数值显示控件，重新创建显示控件。

4）将原有的物理通道删除后重新创建输入控件，模拟输入或输出修改成数字输入或输出时，物理通道变成了线，在 DAQmx 创建虚拟通道的"线"端口创建输入控件。

5）在前面板上单击"线"，此时有 8 个选择，如图 10-14 所示，这里选择"myDAQ1/port0/line0"。

6）将实体设备 myDAQ 的 5 V 电源端与 DIO0（对应 myDAQ1/port0/line0）端用一根导线相连，运行程序，在前面板上会观察到数据灯亮，即采集到了高电平；将 5V 电源端换成 GND 端，运行程序，前面板上灯会熄灭，表明采集到了低电平。

图 10-14 数字输入对应 myDAQ 的"线"

4. DO 程序编写

在图 10-13 "数字布尔 1 线 1 点"的 DI 程序上做 3 处修改，得"数字布尔 1 线 1 点"的 DO 程序，如图 10-15 所示。

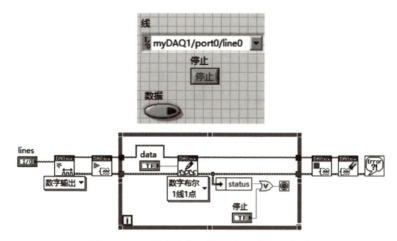

图 10-15 "数字布尔 1 线 1 点"的 DO 程序

1）将多态 VI "创建虚拟通道"的"数字输入"改成"数字输出"。

2）将 DAQmx 读取函数替换成 DAQmx 写入函数，并将多态 VI DAQmx 写入函数，选择"数字"→"单通道"→"单采样"→"布尔（1线）"。

3) 将原有数据端连接的布尔显示控件删除,在 DAQmx 写入数据输入端创建输入控件,会自动创建开关。

4) 运行程序,按下前面板的"数据"按钮,开关为 ON 时,与 myDAQ DIO0 端相连的 LED 灯会亮;开关为 OFF 时,LED 灯会灭。

5) 在"数字布尔 1 线 1 点"的 DO 程序上还可再做一些修改,如将 1 线 1 点改成 1D 布尔等,可以构成由多个灯组成的花色流水灯或跑马灯等。

NI myDAQ 作为便携式数据采集(DAQ)设备,配合一些传感器与显示器件,可采集多种物理量,并可控制、调节,如对温度、湿度、电机转速等进行测控。

任务 10.2　LabVIEW 声音信号处理

10.2.1　时域波形和频谱

在程序框图界面,在"编程"→"函数"→"图片与声音"→"声音"→"文件"里,是有关声音或声音文件的函数,如图 10-16 和图 10-17 所示。

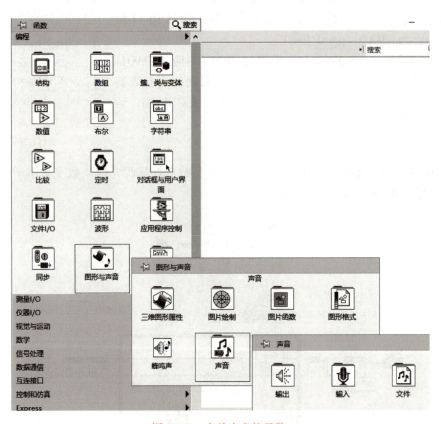

图 10-16　有关声音的函数

在图 10-17 的声音文件处理函数里选择"简易读取声音文件",选择"函数"→"编程"→"波形"→"模拟波形"→"波形测量"→"FFT 频谱(幅度–相位)",如图 10-18 所示。

图 10-17　声音文件的处理函数

图 10-18　选择"FFT 频谱（幅度–相位）"

> **注意**：读取的声音文件要求是 wav 格式的，若是 MP3 格式的音乐文件，则无法识别，显示错误，如图 10-19 所示。

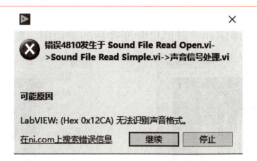

图 10-19　若声音文件为 MP3 格式则运行时显示错误

"简易读取声音文件"函数的即时帮助如图 10-20 所示。读取的文件需用格式转换软件从 MP3 格式转换到 wav 格式。

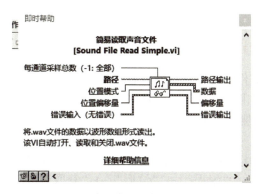

图 10-20　"简易读取声音文件"函数的即时帮助

读取 wav 文件的程序框图如图 10-21 所示，具体的设计步骤如下。

1）新建一个 VI。选择"函数"选板→"编程"→"图形与声音"→"声音"→"文件"→"简易读取声音文件"，在前面板放置"简易读取声音文件"函数，在其"路径"输入端右击，从弹出的快捷菜单中选择"创建常量"，可将存放 wav 格式音乐文件的路径复制到路径常量里。

2）选择"函数"选板→"编程"→"波形"→"模拟波形"→"波形测量"→"FFT 频谱（幅度-相位）"，在前面板放置"FFT 频谱（幅度-相位）"函数，将"简易读取声音文件"函数的数据端与 FFT 频谱（幅度-相位）函数的时间信号端相连。

3）选择"控件"→"新式"→"图形"→"波形图"，在前面板放置"波形图"控件，将其标签修改为"时域波形"，并与"FFT 频谱（幅度-相位）"函数的时间信号端相连；再放一个"波形图"控件，将其标签修改为"频谱"，并与"FFT 频谱（幅度-相位）"函数的幅度端相连。

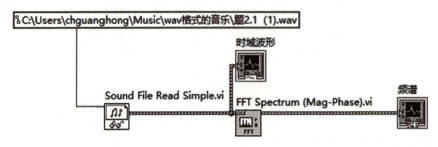

图 10-21　读取 wav 文件的程序框图

运行后可观察到时域波形图和经过傅里叶变换后的频谱图，如图 10-22 和图 10-23 所示。

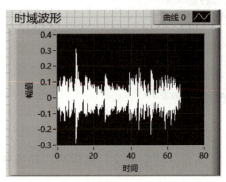
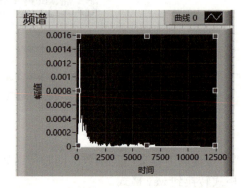

图 10-22　声音信号的时域波形图　　　图 10-23　声音信号经傅里叶变换后的频谱图

10.2.2　低通滤波器处理

在图 10-21 读取声音文件的基础上添加低通滤波器，处理声音文件，观察处理后的时域波形图及频谱图，程序框图如图 10-24 所示，具体的设计步骤如下。

1）在程序框图界面，删除"简易读取声音文件"之后的函数。

2）选择"函数"选板→"编程"→"数组"→"索引数组"，放置"索引数组"函数，将"简易读取声音文件"函数的数据端与"索引数组"的数组端相连。

3）选择"函数"选板→"编程"→"波形"→"获取波形成分"，放置两个"获取波形成分"函数，将"索引数组"边框向下拉伸，使其出现两个元素端，将这两个元素端与"获

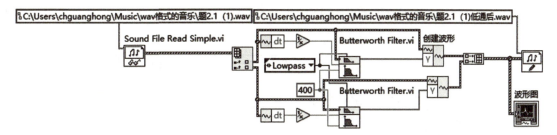

图 10-24　加低通滤波器处理声音文件

取波形成分"函数的波形端相连，并单击"获取波形成分"函数，将默认的"y"改成"dt"。

4）选择"函数"选板→"信号处理"→"滤波器"→"Butterworth 滤波器"，放置两个"Butterworth 滤波器"函数，分别在其滤波器类型端右击，从弹出的快捷菜单中选择"创建常量"，选择 Lowpass。

5）选择"函数"选板→"编程"→"数值"→"倒数"，放置两个"倒数"函数，将"倒数"函数的输入端与"获取波形成分"函数的 dt 端相连，将"倒数"函数的输出端与"Butterworth 滤波器"的采样频率端相连。

6）在两个"Butterworth 滤波器"函数的低截止频率端右击，从弹出的快捷菜单中选择"创建常量"，并设置数值为 400。将两个"Butterworth 滤波器"函数的 x 端与"索引数组"的两个元素端相连。

7）选择"函数"选板→"编程"→"波形"→"创建波形"，放置两个"创建波形"函数，将"Butterworth 滤波器"函数滤波后的 x 端与"创建波形"函数的 y 端相连。

8）选择"函数"选板→"编程"→"数组"→"创建数组"，放置"创建数组"函数，将两个"创建波形"函数的输出波形端与"创建数组"的两个元素端相连。

9）选择"函数"选板→"编程"→"图形与声音"→"声音"→"文件"→"简易写入声音文件"，放置"简易写入声音文件"函数，将"简易写入声音文件"函数的数据端与"创建数组"添加的数组端相连。

10）在前面板上选择"控件"→"新式"→"图形"→"波形图"，放置"波形图"控件，并与"简易写入声音文件"函数的数据端相连，在"简易写入声音文件"函数的路径端创建常量，并输入低通处理后声音文件的路径。

运行程序，加低通滤波器处理之后的时域波形图如图 10-25 所示，可在计算机上用音频播放器将原文件及低通滤波后的文件进行播放，听其声音，可明显听出音调有差别。

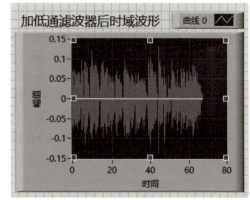

图 10-25　加低通滤波器处理之后的时域波形图

注意：频率决定声音的音调，经过低通滤波器后，大于截止频率的声音都被滤除了。

10.2.3　高通滤波器处理

类似地，在图 10-24 加低通滤波器处理声音文件的基础上，将低通滤波器改成高通滤波器，处理声音文件，观察处理后的时域波形图及频谱图，程序框图如图 10-26 所示，具体的修改步骤如下。

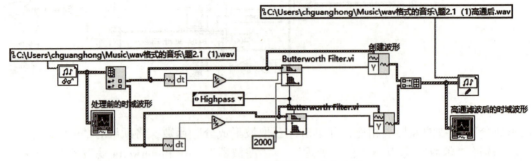

图 10-26 加高通滤波器处理声音文件

1）将图 10-24 中两个"Butterworth 滤波器"函数的滤波器类型端所连接的"Lowpass"修改成"Highpass"。

2）在图 10-24 中两个"Butterworth 滤波器"函数的高截止频率端创建常量，并设置数值为 2000。

3）将"简易写入声音文件"函数的路径端所连接的低通滤波处理后的文件路径，改成高通滤波处理后的文件存放路径。

加高通滤波器处理之后的时域波形图如图 10-27 所示，可在计算机上用音频播放器播放原文件及高通滤波后的文件，听其声音，可明显听出音调有差别。

利用 LabVIEW 自带声音处理文件及对波形处理相关的函数可观察音频文件的时域波形、频域波形、经过滤波器后的波形等，也可通过播放原文件与处理后的文件听出音频处理的效果。

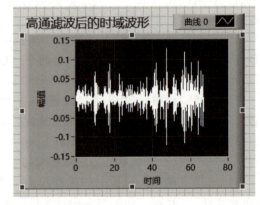

图 10-27 加高通滤波器处理之后的时域波形图

任务 10.3　音频信号处理系统设计

该任务是设计一个基于 myDAQ 的音频信号处理系统，实现对音频信号的合成、均衡、优化等功能。

10.3.1　程序设计

程序框图结构主要由 While 循环和条件结构构成，条件结构有 3 个分支，分别为"画频谱图""音频滤波""音频效果"，其分支选择器连接着组合框"功能选择"，由组合框的选项确定进入条件结构的某一个分支，主要用来画频谱图、滤波、实现均衡器，如图 10-28 所示，具体的设计步骤如下。

1）新建一个 VI，在前面板选择"控件"→"新式"→"字符串与路径"→"组合框"，放置"组合框"控件，并将标签修改为"功能选择"，右击组合框，编辑项输入值分别为：画频谱图、音频效果、音频滤波。

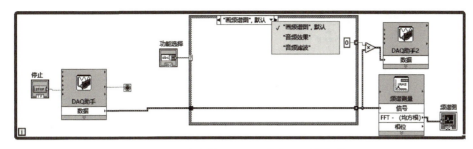

图 10-28　音频信号处理程序框图总体框架

2）在程序框图界面创建一个 While 循环，在 While 循环里放置一个条件结构，将"功能选择"组合框与条件结构的分支选择器相连，编辑条件结构的 3 个分支分别为画频谱图、音频效果、音频滤波。

3）选择"函数"选板→"测量 I/O"→"DAQmx-数据采集"→"DAQ 助手"，在 While 循环里放置两个"DAQ 助手"，分别为"DAQ 助手"与"DAQ 助手 2"，双击"DAQ 助手"，配置"DAQ 助手"。

4）在前面板上，选择"控件"→"新式"→"布尔"→"停止按钮"，放置"停止按钮"控件，并将其与"DAQ 助手"的停止端相连。

5）双击"DAQ 助手 2"，配置"DAQ 助手 2"。

6）在程序框图界面，选择"函数"选板→"编程"→"波形"→"模拟波形"→"波形测量"→"频谱测量"，放置"频谱测量"函数，将"DAQ 助手"的数据端通过条件结构的隧道连接到"频谱测量"函数的信号端。

7）放置"乘"函数，其输入端分别连接数值常量 0 和"频谱测量"函数的信号端，将乘函数的输出端连接到"DAQ 助手 2"的数据端。

8）将 While 循环条件与"DAQ 助手"的已停止端相连。

9）在前面板上放置"波形图"，与"频谱测量"函数的 FFT 均方根端相连，并将波形图的标签修改成"频谱图"。

1. 运用 myDAQ 实现音频信号的采集和发送

1）双击程序框图左侧的"DAQ 助手"，初始化后可以看到采样率等参数的设置如图 10-29 所示。

2）还需要确认将物理通道设置为当前使用的 myDAQ 的相应通道，在"配置"选项卡中展开详细信息，如图 10-30 所示。右击，从弹出的快捷菜单中选择"更改物理通道"，将物理通道设置成如图 10-31 所示。

3）在弹出的"更改物理通道"对话框中，选择"Dev1"下的"audioInputLeft"（相当于 myDAQ 音频输入端口的左声道输入），如图 10-32 所示。

4）以同样的配置方法，将 Right Channel 配置为"Dev1"下的"audioInputRight"。

注意：在设置物理通道时需将 myDAQ 采集卡通过 USB 口与计算机相连，否则无法找到有关 myDAQ 的物理通道。

5）双击程序框图右侧的"DAQ 助手 2"，用同样的配置方法，将其"VoltageOut_0"和"VoltageOut_1"分别配置为"Dev1"下的"audioOutputLeft"和"audioOutputRight"（相当于

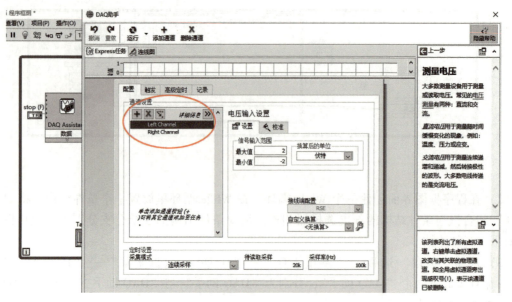

图 10-29　打开"DAQ 助手",观察通道设置

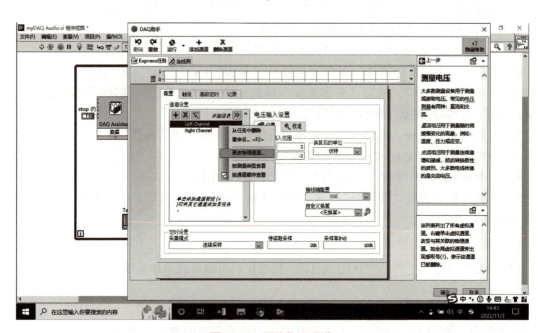

图 10-30　更改物理通道

图 10-31　将物理通道更改成 myDAQ 的相应通道

图 10-32　配置音频输入端口的左声道

myDAQ 音频输出端口的左声道和右声道），如图 10-33 所示。配置的结果如图 10-34 所示。这两个 Express VI 就可以控制 myDAQ 进行音频信号的输入以及输出了。

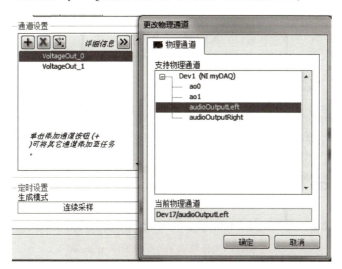

图 10-33　配置音频输出端口的左声道

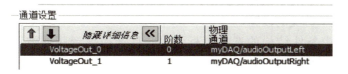

图 10-34　音频输出端口的左、右声道配置结果

2. 在 LabVIEW 中进行数字音频信号处理

（1）"音频效果"分支的设置

单击程序框图中条件结构的选择器标签，并且选择"音频效果"选项，程序框图如图 10-35 所示，具体设计步骤如下。

1）在"音频效果"分支，选择"函数"选板→"Express"→"信号操作"→"从动态数据转换"，放置两个"从动态数据转换"函数并配置，结果数据类型选择"单一波形"，在其动态端右击，创建常量并分别设置为 0 和 1，将常量的标签改为"左声道"和"右声道"，将其动态数据类型端与"DAQ 助手"的数据端相连。

2）选择"函数"选板→"编程"→"布尔"→"非"，放置"非"函数。

3）在前面板上选择"控件"→"新式"→"布尔"→"确定按钮"，放置"确定按钮"，并将其标签修改成"音效按钮"，将"音效按钮"与"非"函数的输入端相连。

4）放置"减"函数，分别将左、右声道的波形端与"减"函数的 x、y 端相连。

5）选择"函数"选板→"编程"→"比较"→"选择"，放置"选择"函数，将"非"函数的输出端与"选择"函数的 s 端相连，"选择"函数的 t 端与左声道的波形相连，"选择"函数的 f 端与右声道的波形相连。

6）选择"函数"选板→"Express"→"信号操作"→"合并信号"，放置"合并信号"函数，将"选择"函数的输出端与"合并信号"函数的两个端口相连，将"合并信号"函数的输出端与频谱测量信号的信号端相连。

7）在前面板上，选择"控件"→"新式"→"数值"→"垂直指针滑动杆"，放置垂直指针滑动杆控件，将其最大数值改为 1，并将其标签修改为"音频效果的音量"，与"乘"函数的输入端相连。

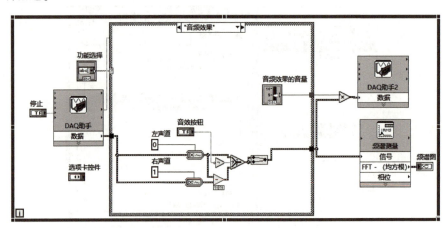

图 10-35 "音频效果"分支的程序框图

这个分支所要实现的效果是：在"音频效果"按钮被按下时，将左右声道信号求差，通常这将使人声削弱，从而使听者感受到的伴奏声音相对增强。

（2）"音频滤波"分支的设置

单击程序框图中条件结构的选择器标签，并且选择"音频滤波"选项，程序框图如图 10-36 所示，具体设计步骤如下。

1）选择"函数"选板→"Express"→"信号分析"→"滤波器"，放置 3 个滤波器函数，分别为"滤波器""滤波器 2""滤波器 3"，分别配置滤波器，将 3 个滤波器的信号端与"DAQ 助手"的数据端相连。

2）放置 3 个"乘"函数，将 3 个滤波器滤波后的信号端与"乘"函数的 x 端相连。在前面板上创建 3 个滑动杆控件，将标签分别修改为"低频加权系数""中频加权系数""高频加权系数"，并将最大值修改为 1，分别与 3 个"乘"函数的 y 端相连。

3)放置两个"加"函数,将 3 个"乘"函数的输出相加,将"加"函数的输出与"频谱测量"的信号端相连。

4)在前面板上再创建一个滑动杆控件,将标签修改为"滤波后的音量",并将最大值修改为 1,与条件结构边框外的"乘"函数相连。

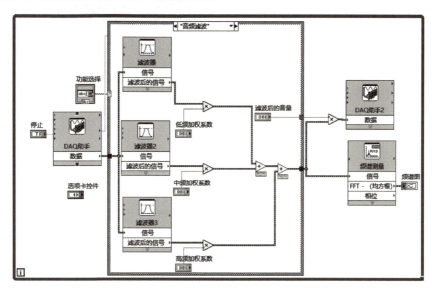

图 10-36 "音频滤波"分支的程序框图

这个分支所要实现的功能是:通过 3 个滤波器分别提取低音、中音、高音部分,施以不同的加权系数后再相加,从而完成均衡。其中,低通滤波器的参数设置如图 10-37 所示,带通滤波器的参数设置如图 10-38 所示。

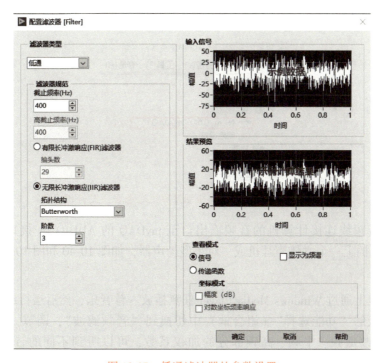

图 10-37 低通滤波器的参数设置

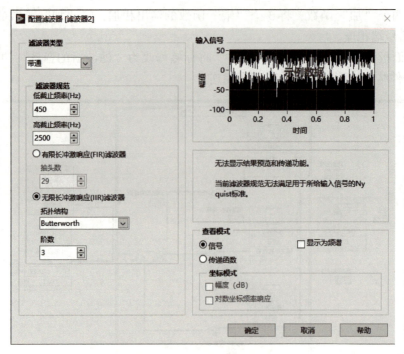

图 10-38　带通滤波器的参数设置

10.3.2　系统调试

1. 硬件连线

1）将 myDAQ 通过 USB 连到计算机上，选择"开始"菜单的"NI MAX"，观察"设备和接口"里是否确实连接上了 NI myDAQ，如图 10-39 所示。

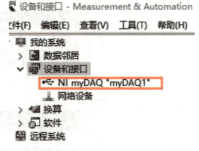

图 10-39　将 myDAQ 设备连接到计算机后观察"设备和接口"

2）用一根音频线连接计算机的音频输出口至 myDAQ 的 AUDIO IN 接口，在 myDAQ 的 AUDIO OUT 接口插上一个立体声耳机或一对小型扬声器，如图 10-40 和图 10-41 所示。

2. 测试

1）在计算机上通过 Windows Media Player 任意播放一首音乐，然后运行编辑好的程序。

2）在前面板的"功能选择"（组合框）中切换到"音频滤波"，调节"滤波后的音量"增大音量，并更改低频、中频、高频部分的加权系数，可以听到不同的音效，测试结果如图 10-42 所示。

项目 10　基于 myDAQ 的音频信号处理系统设计

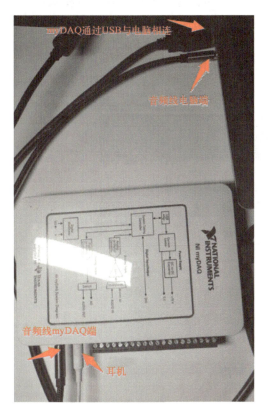

图 10-40　硬件连线图　　　　图 10-41　myDAQ 上的 AUDIO IN 与 AUDIO OUT 连线

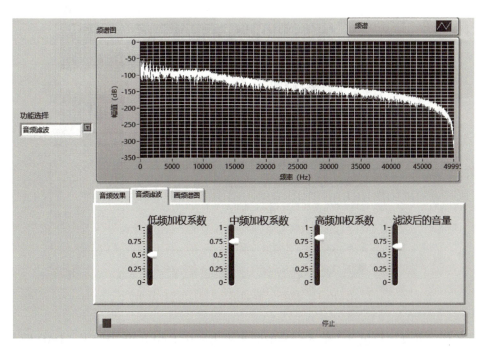

图 10-42　选择"音频滤波"时的测试结果

3)切换到"音频效果"功能,按下"音频效果"按钮,可以听到左右声道相减后的效果,感觉人声减弱从而使伴奏相对增强,在"功能选择"中切换到"音频效果",测试结果如图 10-43 所示。

4)切换到"画频谱图"功能,可以观察到频谱图如图 10-44 所示。

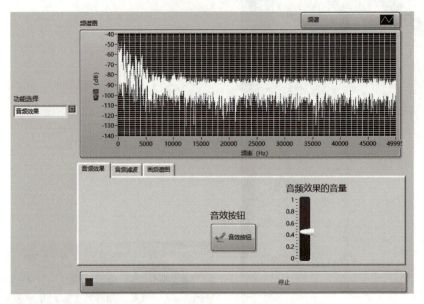

图 10-43 选择"音频效果"时的测试结果

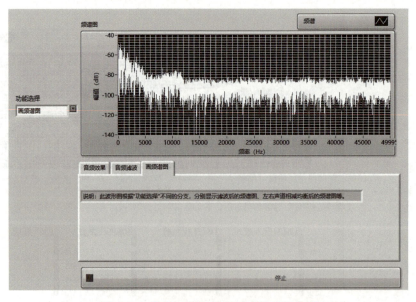

图 10-44 选择"画频谱图"时的运行效果

该音频信号处理项目包含了输入信号的同步采集和在 LabVIEW 中使用"DAQ 助手"生成输出信号,构成了音频信号处理实验的基础。

10.4 思考题

1. 在"音频滤波"分支中"DAQ 助手"和"DAQ 助手 2"分别起什么作用？
2. 当"DAQ 助手"的"待读取采样"频率与"DAQ 助手 2"的"待写入采样"频率设置不同时，会有什么效果？
3. 将"DAQ 助手 2"中的采集方式从"连续"改为"N 采样"，结果会有什么变化？

项目 11　基于 myRIO 的智能楼道灯控制系统设计

　　LED 灯是指用 LED 光源制作的照明灯，具有高效、安全、节能、环保、寿命长、响应速度快、显色指数高等独特优点，对照明节能具有十分重要的意义。本项目以 LED 二极管模拟小区的楼道灯，基于 myRIO 利用多种方式实现楼道灯的控制，在智能化控制楼道灯的同时实现了电能的有效节约。

【项目描述】

项目目标

知识目标
1. 掌握 NI myRIO 基本操作与工作原理。
2. 了解光敏传感器、人体红外传感器的基本工作原理。
3. 掌握 LabVIEW 基本 I/O 设备控制程序设计原理。

能力目标
1. 能够利用 myRIO，实现楼道灯的手动和自动控制。
2. 能够利用 myRIO，用光敏传感器控制楼道灯。
3. 能够利用 myRIO，用人体红外传感器控制楼道灯。

素养目标
1. 通过典型案例分析，增强学生的探究精神。
2. 通过开放式任务设计，培养学生的创新能力。
3. 通过产品功能的不断优化，培养学生的工程思维。
4. 通过生活场景项目，增强学生节约能源的意识。

任务要求

　　1）编写 LabVIEW 程序，用 myRIO 的数字量输出引脚控制楼道灯的导通与关闭。控制方式分为手动控制和自动控制，在手动状态下，可以控制楼道灯的点亮与关闭；在自动状态下，可以改变楼道灯闪烁的频率。

　　2）编写 LabVIEW 程序，利用 LED 灯模拟楼道灯，用光敏传感器检测光的强度，实现光的强度弱时，LED 灯自动点亮；光的强度强时，LED 灯自动熄灭。

　　3）编写 LabVIEW 程序，利用光敏传感器检测光的强度，人体红外传感器检测人体发出的红外线，只有光的强度较弱且检测到有人经过楼道时，楼道灯才会自动点亮，其余条件下楼道灯都是熄灭的状态。

实践环境

硬件设备：myRIO1900、LED 灯、220Ω 电阻、面包板、光敏传感器、导线若干、人体红外传感器。

软件环境：LabVIEW 2017 及以上版本。

任务 11.1 编写测控程序

11.1.1 准备工作

图形化编程开发环境 LabVIEW 可以对实时处理器（ARM）进行编程。只要在 LabVIEW 中新建一个 NI myRIO 项目（可基于向导自动生成该项目），然后编写程序，程序就可以自动编译并在实时处理器中执行。

LabVIEW 中已经内置了多种现成的函数，并且针对 NI myRIO 各种外围 I/O 提供不同层次的驱动函数，既可以访问高级特性，也可以进行更底层的编程。这些现成的驱动函数接口除了常见的模拟输入、模拟输出、数字 I/O 之外，还包括 I^2C 总线、SPI 总线、PWM、编码器、UART 等。由于 LabVIEW 图形化编程的特点非常符合工程思维，因此非常直观，并且易于上手，容易在短时间内完成较复杂的系统设计和调试。

在使用一个新的 myRIO 之前需要在计算机上安装软件并对其进行配置，以做好系统开发的准备。必须安装的软件有 LabVIEW 2017 myRIO、LabVIEW Real-Time（LabVIEW 实时模块）和 LabVIEW myRIO Module（LabVIEW myRIO 模块）。

1）安装好软件之后便可以给 myRIO 插上电源线，并用 USB 线将设备与计算机连接起来。当 myRIO 与计算机连接好后，会自动弹出如图 11-1 所示的启动窗口（如果没有自动弹出 NI

图 11-1 NI myRIO USB 启动窗口

myRIO USB Monitor 的启动界面，可以双击\Program Files\National Instruments\LabVIEW 2014\resource\myRIO\myRIOautoplay.exe，将其打开），各选项说明如表 11-1 所示。

表 11-1　NI myRIO USB Monitor 启动窗口各选项说明

选项	说明
Launch the Getting Started Wizard	通过此选项，用户可以迅速查看 NI myRIO 的功能状态。向导的功能有：检查已连接的 NI myRIO，连接到选中设备，给 NI myRIO 安装软件或进行软件更新，为设备重命名，以及通过一个自检程序测试加速度传感器、板载 LED 以及板载自定义按钮
Go to LabVIEW	选择此项后直接弹出 LabVIEW Getting Started 窗口
Configure NI myRIO	选择后打开一个基于网页的 NI myRIO 配置工具
Do Nothing	通过此选项关闭 NI myRIO USB Monitor 启动窗口

2）单击 Launch the Getting Started Wizard，对 myRIO 进行相关设置，找到已安装的设备之后，单击"Next"，在下一个界面中可以看到其序列号，用户也可以修改设备名字，但之后需要重启 myRIO。再次单击"Next"之后，会自动将上位机已经安装的相关软件在 myRIO 上创建一套实时操作的副本，这一过程可能会花费几分钟的时间。由于 myRIO 在安装完软件之后需要重启，所以图 11-1 启动界面会再次出现，单击 Do Nothing 即可。

3）安装向导会提供一个如图 11-2 所示的"Getting Started with NI myRIO"对话框，使用户可以自由测试 myRIO 上的三轴加速度计和 LED 灯的硬件性能。如果此时晃动 NI myRIO 硬件设备可以看到三条彩色的线会上下移动。同时设备上的 LED2 和 LED3 灯点亮，说明设备正常。单击"Next"完成安装，就可以在 LabVIEW 中对 myRIO 进行自定义开发了。

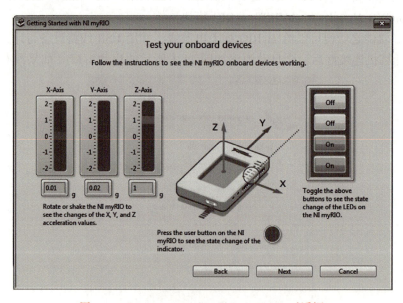

图 11-2　"Getting Started with NI myRIO"对话框

11.1.2　创建一个 myRIO 项目

1）做完前面的准备工作之后便可以打开 LabVIEW 开发第一个 myRIO 项目了，在启动时弹出"Set Up and Explore"对话框，如图 11-3 所示。

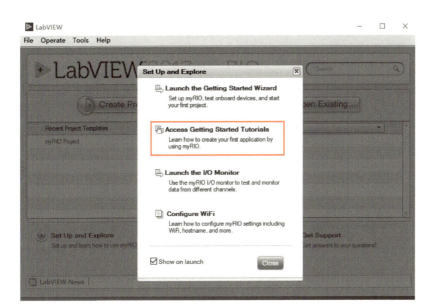

图 11-3 "Set Up and Explore" 对话框

2)单击"Access Getting Started Tutorials",会链接到一个 myRIO 项目开发的在线指导,对新手很有帮助。如果不需要帮助,可以单击"Close"按钮。

此外,可以发现安装了 myRIO 模块之后的 LabVIEW 启动界面上会有更多的帮助链接。如图 11-4 所示,除了上述的"Set Up and Explore",还有"Do a Project"和"Get Support",可以链接一些指导网页或论坛,为用户提供更多的学习资源。

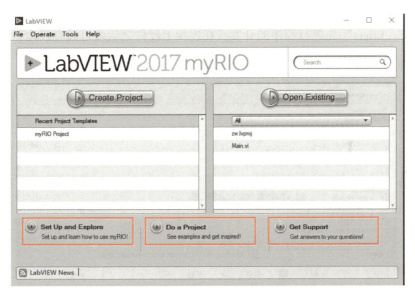

图 11-4 LabVIEW 启动界面

3)在 LabVIEW 启动界面上单击"Create Project",新建一个项目,会弹出如图 11-5 所示的窗口,可以在左侧看到不同的模板,依次选择"Templates"→"myRIO",会出现相应的一些模板。各项目说明如表 11-2 所示。

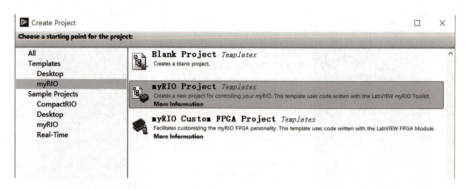

图 11-5 创建项目窗口

表 11-2 NI myRIO 项目说明

项 目	说 明
	Blank Project（空白工程模板）：创建一般的工程模板
	myRIO Project（myRIO 工程模板）：创建针对 myRIO 上 ARM 处理器开发的模板
	myRIO Custom FPGA Project（myRIO 自定义 FPGA 工程模板）：创建同时对 ARM 处理器和 FPGA 编程开发的模板

4）选择"myRIO Project"，弹出"Create Project"对话框，如图 11-6 所示，用户可以自行修改"Project Name"和"Project Root"。在 USB 线连接着 myRIO 和计算机的情况下，在"Target"栏中会自动搜索到已连接的硬件设备。如果用户当前没有 myRIO，可以在"Target"栏选择"Generic Target"先进行程序的开发，在连接上硬件之后便可以直接运行。完成后单击"Finish"完成工程的创建。

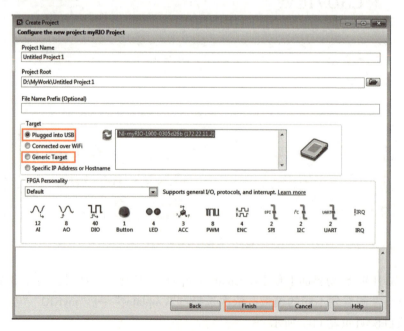

图 11-6 "Create Project"对话框

5）在程序自动创建的项目管理器中，可以观察到主程序 Main.vi，如图 11-7 所示。

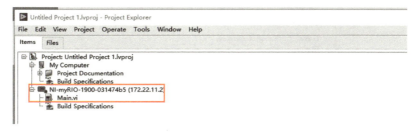

图 11-7　项目管理器

6）双击打开 Main.vi，前面板如图 11-8 所示，可以显示 3 个轴的加速度数据。

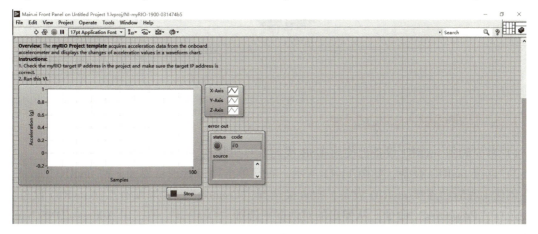

图 11-8　前面板

7）打开程序框图，如图 11-9 所示。可以发现，程序框图中的顺序结构是为了使用户能更清晰地了解其数据流向。整个模板是一个每 10 毫秒执行一次的 While 循环，它从板载加速度传感器上读取 X、Y、Z 轴的加速度数据。

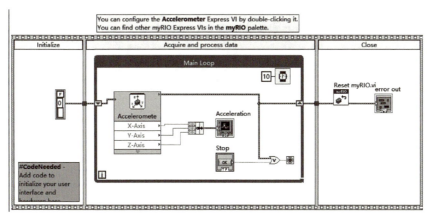

图 11-9　程序框图

8）双击如图 11-9 所示的 Accelerometer 模块，出现 Accelerometer 模块设置界面，如图 11-10 所示，当 3 个轴都勾选上时，每次运行循环，都会将 3 个轴的数据都读取。打开 "View Code" 选项卡，可以查看底层 VI。

图 11-10　Accelerometer 模块设置界面

11.1.3　运行调试 myRIO 项目

1）首先确保 myRIO 设备已使用 USB 线与计算机相连。

2）连接 myRIO 设备，如图 11-11 所示。右键单击项目管理器界面上的 myRIO Target，如果在创建工程时已连接 myRIO 设备，则直接选择"Connect"。如果没有连接 myRIO 设备，则需要选择"Properties"命令，从弹出的对话框中选择"General"→"IP Address/DNS Name"，输入 NI MAX 中 myRIO 设备的 IP 地址，保存后再进行"Connect"操作。

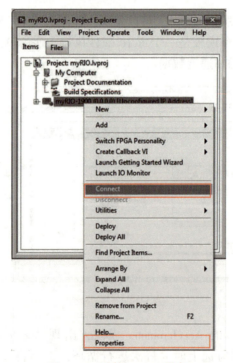

图 11-11　连接 myRIO 设备

3）只有保证 myRIO Target 与计算机连接上才能编译下载程序，成功连接 myRIO 设备的界面如图 11-12 所示，单击"Close"按钮。

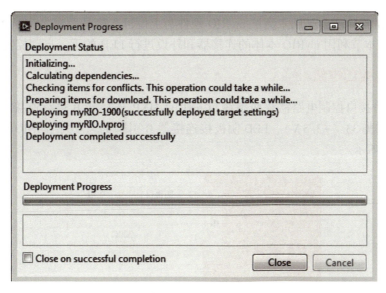

图 11-12　成功连接 myRIO 设备的界面

4）打开 Main.vi 程序，单击"运行"按钮，可以看到程序编译下载至 ARM 处理器的过程，编译下载完成后单击"Close"，程序开始运行。可通过摇晃、摆动 myRIO 来观察图形图表中 X、Y、Z 轴上采集到的加速度数据（单位为 g），其中 Z 轴上有针对自由落体的参考系。主程序运行界面如图 11-13 所示。

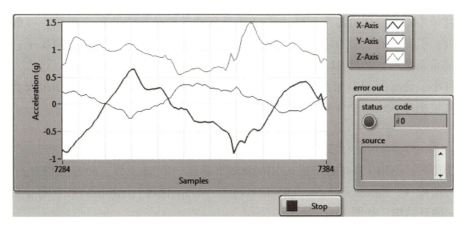

图 11-13　主程序运行界面

尽管本程序看似与使用数据采集卡（例如 myDAQ）的程序完成了同样的功能，但两者有着本质上的差别。使用数据采集卡的程序，程序本身是在上位机的 CPU 中运行的，数据同样也是在上位机的 CPU 中直接显示的。而使用 myRIO 的程序，程序运行在板载芯片上的 ARM 嵌入式处理器中，LabVIEW 底层基于网络的传输机制会自动将数据传至上位机，因此在计算机 LabVIEW 界面上也能看到显示数据。

任务 11.2　LED 灯的手、自动控制

任务 11.1 的操作主要是用来测试 myRIO 硬件与上位机连接是否成功，myRIO 本体不需要连接任何外设，本节利用 myRIO 本体的连接器和外设进行 LED 的手、自动控制。

11.2.1　建立接口电路

离散 LED 灯接口控制电路需要两条线与 myRIO MXP 连接器 B 进行连接。其中，LED 阳极接连接器 B 引脚 33（+3.3 V）、LED 阴极接连接器 B 引脚 11（数字量 DIO 0 输出）的连接电路如图 11-14 所示。

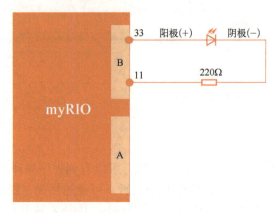

图 11-14　myRIO MXP 连接器 B 与 LED 二极管的连接电路

接线过程中需要注意的几个问题：①LED 是只能单向传导电流的二极管，一般引脚长的一端为阳极，引脚短的一端为阴极。如果通电后 LED 不亮，则有可能是方向反了，需要取下 LED 反方向重新插入。②220Ω 电阻起限流的作用，阻值不宜过大或者过小。过大，LED 灯亮度不够；过小，会超出 LED 灯额定电流。在本实验中直接用 220 Ω 电阻，如果没有，可以用两个 100 Ω 电阻串联或两个 470 Ω 电阻并联实现此功能。

11.2.2　编写 LabVIEW 程序

1）创建一个 myRIO Project，在 myRIO1900 下新建一个 VI 工程，命名为 LED，选择"Programming"选板→"Structures"→"While Loop"（While 循环），在 LabVIEW 程序框图中添加一个 While 循环结构，如图 11-15 所示。

2）右击 While 循环结构，从弹出的快捷菜单中选择"Add Shift Register"（添加移位寄存器），如图 11-16 所示。用于将当前 LED 的状态值传送给 myRIO，以便进行下一次控制。

3）选择"myRIO"选板→"Digital Output"（数字量输出），双击 Digital Output 模块，设置输出通道为 B/DIO 0（Pin 11）。

4）在循环结构中，选择"Programming"选板→"Comparisom"→"Select"（选择器），添加一个选择器供手、自动切换。

5）选择"Programming"选板→"Boolean"→"Not"（取反），添加一个位取反，用于控制 LED 灯的点亮与熄灭。

6) 选择"Programming"选板→"Timing"→"Wait(ms)"(等待),放置等待延迟模块,设置自动控制循环时间为 500 ms,手动控制循环时间为 10 ms。

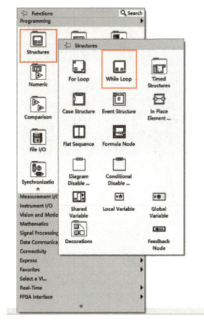

图 11-15　添加 While 循环

图 11-16　添加移位寄存器

7) 在前面板选择"Modern"选板→"Boolean",添加两个 Push Button,进行手动和自动两种状态的控制,控件分别命名为"自动控制"和"手动控制";添加一个 Stop Button,运行停止程序,控件命名为"强制停止";添加一个 Round LED,进行 LED 状态的显示,命名为"LED 灯状态";选择"Modern"选板→"Containers"→"Tab Control",添加一个容器用来美化前面板。

8) 切换到程序框图,将上面所有的控件和模块按图 11-17 所示进行连接。

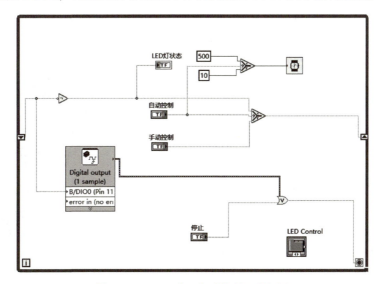

图 11-17　LED 手、自动控制程序框图

9) 打开前面板,如图 11-18 所示。单击左上角"运行"按钮,程序开始执行。当"自动控制"按钮关闭时,可以手动打开 LED 灯或者关闭;当"自动控制"按钮打开时,LED 灯将会按照设置的延迟时间 500 ms 进行闪烁,通过"强制停止"按钮可以停止运行。

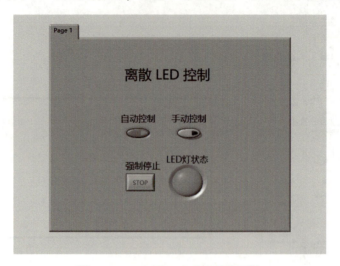

图 11-18 LED 手、自动控制前面板

任务 11.3 基于光敏传感器的 LED 灯控制

众所周知,楼道的照明灯一般需要用光敏传感器进行控制,光敏传感器由光敏电阻和外围的辅助线路组成。其中光敏电阻通常由硫化镉制成。硫化镉的特点是当入射光强度上升时,电阻减小;入射光强度减弱时,电阻增大。因此光敏电阻是常用的测量、控制和转换光电的器件,广泛应用于各种光控电路。

11.3.1 建立接口电路

在任务 11.2 基础之上增加光敏传感器,光敏传感器外形如图 11-19 所示。此电路采用灵敏型光敏电阻,数字量输出采样宽电压 LM393 比较器,信号干净,设有固定螺栓孔,方便安装。引脚从左到右分别为供电电源正极 VCC、电源负极 GND、数字量输出 DO、模拟量输出 AO。其中供电电源范围为 3.3~5 V,数字量输出 DO 当外界环境光线强度超过设定阈值时,输出低电平,当外面光线达不到设定阈值时,输出高电平。模拟量输出 AO 会根据光线的变化输出连续的电压信号。本实验中采用光敏传感器的模拟量输出 AO 进行光照采样。

光敏传感器需要 3 根线与 myRIO 连接器 B 进行连接:其中 VCC 接连接器 B 引脚 1(+5 V),GND 接连接器 B 引脚 6(AGND),模拟量输出 AO 接连接器 B 引脚 3(AI0),接线示意如图 11-20 所示。

图 11-19 光敏传感器外形

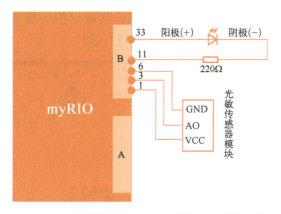

图 11-20　光敏传感器与 myRIO 连接器 B 接线示意

11.3.2　编写 LabVIEW 程序

LabVIEW 程序编写步骤如下。

1) 新建一个 VI。在程序框图窗口中添加一个条件结构,内部为 LED 灯的控制程序。

2) 当条件为真时,执行点亮 LED 灯的程序。在"真"分支框架里依次选择"myRIO"选板→"Digital Output",添加一个数字量输出模块。双击"Digital Output"模块,设置输出通道为 B/DIO0 (Pin 11)。选择"Programming"选板→"Timing"→"Wait (ms)",放置等待延迟模块,设置延迟时间为 500 ms。

3) 如图 11-21 所示,LED 灯为布尔常量控制,因此将 False 常量送给数字量输出模块的输入引脚,此时硬件模块 myRIO 的 11 脚输出低电平,LED 灯点亮。

4) 为了显示 LED 的状态,选择"Programming"选板→"Boolean"→"Not",添加一个位取反。打开前面板,添加一个指示灯,命名为"LED 灯状态",按照如图 11-21 所示进行连线。

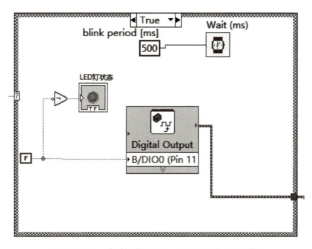

图 11-21　条件满足时,LED 灯点亮程序

5) 当条件为假时,在"假"分支框架里将布尔型常量 True 送给数字量输出模块的输入端,此时硬件模块 myRIO 的 11 脚输出高电平,LED 灯熄灭。

6) 为了使"假"分支框架里的 LED 灯状态显示能够一致,需要创建 LED 灯属性节点。右击 LED 灯状态指示灯,从弹出的快捷菜单中选择"Create"→"Property Node"→

"Value",添加属性节点。右击创建的属性节点,从弹出的快捷菜单中选择"Change all to write",将其转化为输入控件。按照图 11-22 所示进行接线。

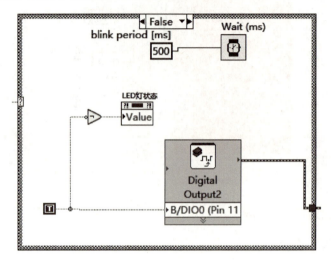

图 11-22 条件不满足时的 LED 灯熄灭程序

7) 在判断结构外部添加循环结构,用于循环采样光敏电阻值。每次循环的时间为 500 ms。

8) 选择"myRIO"选板→"Analog Input",添加模拟量采样模块,双击模拟量采样模块,设置采样通道为 B/AI0(Pin 3)。

9) 经过测试,光敏传感器 AO 输出为 0~5 V,当光的强度很高时,采样值(AO 输出)最低为 0 V;当光的强度很弱时,采样值(AO 输出)最高为 5 V,因此设置比较阈值为 2.5,实际可以根据情况适当调整。

10) 选择"Programming"选板→"Dialog&User Interface"→"Simple Error Handler.vi",添加简单错误处理子 VI 模块;选择"myRIO"选板→"Device Management"→"Reset",添加复位模块,按照如图 11-23 所示进行连线。

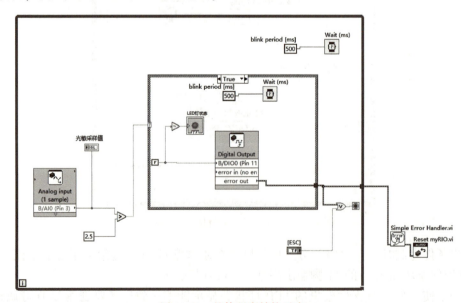

图 11-23 整体程序结构示意

11）编好程序后切换到前面板，单击"运行"，程序会自动下载到 myRIO，可以看到当光强度较强时，采样值为 1.13 V，小于阈值 2.5，LED 灯熄灭；当光强度较弱时，采样值为 3.58 V，大于阈值 2.5，LED 灯点亮，从而实现了楼道灯的自动控制。前面板如图 11-24 和图 11-25 所示。

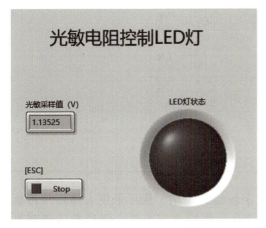

图 11-24　光强度较强时 LED 灯熄灭

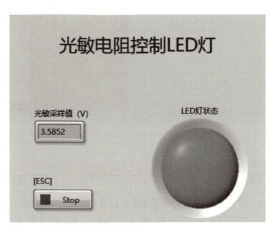

图 11-25　光强度较弱时 LED 灯点亮

任务 11.4　基于人体红外传感器的 LED 灯控制

基于光敏电阻控制的 LED 灯已经实现了智能控制，但实际情况中，仅仅依靠光敏控制是不够的，如果夜晚楼道的灯没有人也一直点亮，则造成电能的浪费，因此需要增加人体红外检测。本任务利用 HC-SR505 人体红外传感器模块和光敏传感器模块联合控制 LED 灯，要求是只有当光的强度不足且同时检测到有人经过时才点亮 LED 灯，其余情况 LED 都为熄灭，从而避免能源的浪费。在此基础上，硬件需要增加 HC-SR505 人体红外传感器模块，软件条件不变。

11.4.1　建立接口电路

在任务 11.3 基础上增加 HC-SR505 人体红外传感器，该传感器灵敏度较高，可靠性较强，广泛应用于各类自动感应电器设备，用于人体红外检测。HC-SR505 人体红外传感器外形如图 11-26 所示，引脚从左到右分别为电源负极 GND、数字量输出 DO、电源正极 VCC。其中供电电压范围为 3～12 V。如果在感应范围内检测到有人活动，数字量输出 DO 输出高电平，如果在感应范围内检测不到有人活动，数字量输出 DO 输出低电平。

人体红外传感器需要 3 根线与 myRIO 连接器 A 和 B 进行连接：其中 VCC 接连接器 B 引脚 1（+5 V），GND 接连接器 B 引脚 6，数字量输出接连接器 A 引脚 11，接线示意如图 11-27 所示。

图 11-26　HC-SR505 人体红外传感器外形

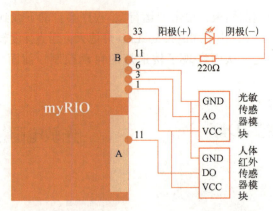

图 11-27 基于人体红外和光敏的楼道灯控制接线

11.4.2 编写 LabVIEW 程序

在任务 11.3 的基础上进行修改，添加一个数字量输入模块，用于采集人体红外传感器模块的信号，当检测到有人时，人体红外传感器 DO 引脚输出高电平；当没有检测到有人时，人体红外传感器 DO 引脚输出低电平。因此可以与原来的光敏信号进行位"与"操作，只有当人体红外传感器 DO 引脚输出高电平且光敏采样值大于阈值时才点亮 LED 灯。具体操作如下。

1）选择"myRIO"选板→"Digital Input"，添加数字量采样模块，双击数字量采样模块，设置采样通道为 A/DI0（Pin 11）。

2）选择"Programming"选板→"Boolean"→"And"，添加一个位"与"，同时将光敏采样信号和人体红外采样信号送到"与"模块的两个输入端，其余按照图 11-28 所示进行接线。

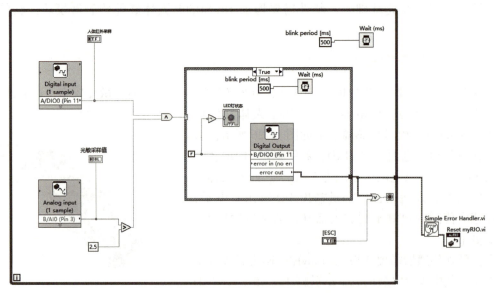

图 11-28 基于人体红外的楼道灯控制程序

拓展任务 11.5　整体系统调试

编好程序后下载到 myRIO，运行程序。切换到前面板，如图 11-29 所示，可以看到当光照强（采样值为 1.17 V）且没有检测到人的红外信号（人体红外采样灯熄灭）时，LED 灯熄灭；如图 11-30 所示，当光照弱（采样值为 3.91 V）且采样到人的红外信号（人体红外采样灯点亮）的时候，LED 灯点亮，同时测试其余情况下 LED 灯全部关闭，从而就实现了楼道灯的电能节约。

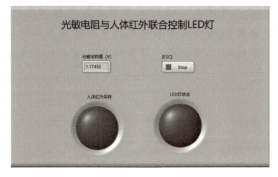
图 11-29　光照强且没有人

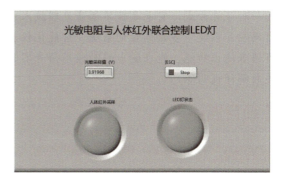
图 11-30　光照弱且有人

11.6　思考题

1. 任务 11.3 如果采用光敏传感器的数字量输出 DO 进行采样，需要如何修正硬件结构和软件程序？

2. 任务 11.4 中，假设 LED 灯不是应用于楼道，而是应用于篮球场，需要实现当天黑且不下雨的时候，LED 灯点亮，其余情况下全部熄灭，需要如何修正硬件结构和软件程序？

项目 12　数字存储式录音系统设计

数字录音系统是将现场的语音模拟信号转变为离散的数字信号,存储在一定的存储介质上的一种录音方式。它也是数字语音处理技术中常用的一种方式,被广泛应用于工业监控系统、自动应答系统、多媒体查询系统、智能化仪表、办公自动化系统或家用电器中,使这些系统具有语音输出功能,能在适当的时候用语音实时报告系统的工作状态、警告信息、提示信息或相关的解释说明等。

【项目描述】

项目目标

知识目标
1. 了解常用声音传感器和主流声卡的硬件结构。
2. 掌握声卡的工作原理、配置及主要技术参数。
3. 熟练掌握 LabVIEW 中声音操作函数的使用。

能力目标
1. 能够应用 LabVIEW,结合计算机自带声卡设计录音系统。
2. 能够根据系统功能要求编写录音系统程序。
3. 能够正确进行系统调试。
4. 能够对系统功能进行完整描述,并规范撰写项目报告。

素养目标
1. 具有规范的操作习惯和良好的职业行为习惯。
2. 具有搜集信息、整理信息、发现问题、分析问题和解决问题的能力。
3. 具有良好的沟通交流和实践动手能力。

任务要求

设计一个数字存储式录音系统,实现如下功能:
1) 可以播放声音文件。
2) 可以录制声音文件。
3) 可回放录制的声音文件。
4) 播放文件可以随时暂停(可选)。
5) 播放文件可以修改声音大小(可选)。

任务分析

该任务包括两个部分,一个是使用扬声器实现声-电转换(录音),一个是采用扬声器实现电-声转换（回放音频）。无论是录音还是播放，都需要文件操作，故在硬件动作之前，需要选定合适的文件路径，然后配置硬件资源，录制音频或播放音频，使用模拟信号采集通道或模拟信号生成通道，完成实验内容。

根据该任务的功能要求，使用基于状态机编写的程序，来实现数字声音的采集与回放功能。该状态机需要有 10 个状态：空闲（默认）、初始化、打开录音文件、开始录音、录音、打开播放文件、开始播放、播放、停止播放、停止录音。

根据任务要求，应选择"事件结构"，在超时帧中使用状态机来实现录放功能，通过移位寄存器+枚举类型来传递跳转状态。事件结构用来响应界面按钮。

实践环境

硬件设备：计算机、数据采集卡、光敏传感器模块、编码器实验模块。
软件环境：LabVIEW 2017 及以上版本。

任务 12.1　声音数据采集

12.1.1　声卡工作原理

从数据采集的角度来看，声卡是一种音频范畴的数据采集卡。声音的本质是一种波，表现为振幅、频率、相位等物理量的连续性变化。声卡作为声音信号与计算机的通用接口，其主要功能就是将所获取的模拟音频信号转换为数字信号，或经过 DSP 音效芯片的处理，将数字信号转换为模拟信号输出。输入时，从扬声器或线路输入获取的音频信号通过 A/D 转换器转换成数字信号，送到计算机进行播放、录音等各种处理；输出时，计算机通过总线将数字化的声音信号以脉冲编码调制方式送到 D/A 转换器，变成模拟的音频信号，进而通过功率放大器或线路输出送到音箱等设备转换为声波。

12.1.2　声卡的主要技术参数

1. 采样位数

采样位数可以理解为声卡处理声音的解析度。该数值越大，解析度就越高，录制和回放的声音就越真实。计算机中的声音文件是用数字"0"和"1"来表示的，因此在计算机中，录音的本质就是把模拟声音信号转换为数字信号，播放的本质是把数字信号还原成模拟信号输出。

2. 采样频率

采样频率是每秒采集声音样本的数量。采集频率越高，记录的声音波形就越准确，保真度就越高。但采样数据量相应变大，要求的存储空间也越多。目前，声卡的最高采样频率是 44.1 kHz，有些能达到 96 kHz。一般将采样频率设为 4 档，分别是 44.1 kHz、22.05 kHz、11.025 kHz 和 8 kHz。

3. 缓冲区

与一般数据采集卡不同，声卡面临的 D/A 和 A/D 转换任务通常是连续的。为了在一个简洁的结构下较好地完成某个任务，节省 CPU 资源，计算机的 CPU 采用了缓冲区的工作方式。在这种工作方式下，声卡的 A/D、D/A 转换都是对某一缓冲区进行操作。一般声卡使用的缓冲区长度的默认值是 8192 字节，也可以设置成 8192 字节整数倍大小的缓冲区，这样可以较好地保证声卡与 CPU 的协调工作。声卡一般只对 20 Hz～20 kHz 的音频有较好的响应，这个频率范围已经能满足音频信号测量的要求。

12.1.3　LabVIEW 中的声音函数

利用声卡作为声音信号的 DAQ 卡，可以方便快捷地编写采集声音信号的程序。与声音相关的函数位于"编程"→"图形与声音"→"声音"选板的各子选板，如图 12-1 所示。

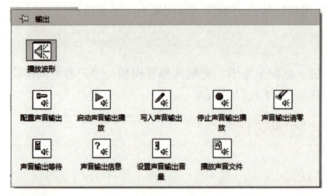

图 12-1　LabVIEW 中的声音函数

任务 12.2　前面板设计

前面板包括声音信息波形图、录放音控制按键和录放音文件路径等控件。具体设计步骤如下。

1）新建一个 VI。在前面板中，选择"控件"选板→"银色"→"图形"→"波形图"，在前面板放置"波形图"，用来显示播放的声音波形。

2）录放音文件路径控件的设置。在前面板中，选择"控件"选板→"新式"→"字符串与路径"→"文件路径显示控件"，直接放置文件路径控件。这里推荐设计程序框图时，分别在"录音文件打开"和"播放文件打开"的状态中，右击"文件对话框"函数输出端

"线"端口,从弹出的快捷菜单中选择"创建"→"输出控件",用来显示录音、放音文件路径。

3)设备 ID 和每通道采样数控件均为数字输入控件,设计程序框图时,在"开始录音"状态,"配置声音输入"函数的对应输入端"线"端口上右击,从弹出的快捷菜单中选择"创建"→"输入控件",用来输入设备 ID 和通道采样数。

4)在前面板中,打开"控件"选板→"银色"→"布尔"→"按钮"控件子选板,分别选择"录音按钮""播放按钮""媒体停止按钮"3 个控件,用来控制录音和媒体播放。设计程序框图时,在"播放"状态"读取声音文件"函数的"文件结束?"端上右击,从弹出的快捷菜单中选择"创建"→"输出控件",调整生成的布尔控件大小。

所有控件添加完成后,对前面板进行简单布局与修饰,效果如图 12-2 所示。

图 12-2 前面板示例

任务 12.3 程序框图设计

12.3.1 系统流程图

本系统的流程图如图 12-3 所示,主要完成的任务是声音录制和声音播放。

12.3.2 系统架构设计

整个架构使用 While 循环、事件结构和状态机,该架构中需要注意如下几个细节。

1)使用事件结构,利用超时帧及状态机,完成各种状态的跳转。超时帧的输入端口设置为 50 ms,如图 12-4 所示。50 ms 内前面板无任何事件发生,则跳转至事件结构超时帧,执行其中状态机的某个条件结构帧。图中给出了超时帧的两个状态,该帧共有 10 个状态,后面分别叙述。事件结构还包括"录音""播放""停止"帧,如图 12-5 所示。

2)移位寄存器,位于循环外框上,可以用来传递状态机的跳转状态,也可以用来传递程序运行过程中所需传递到下一次循环的各种数值。

3)使用属性节点,配置前面板各个控件的属性,如是否可见、是否禁用(且变灰值)、是否闪烁等。在各个帧中,根据界面设定细节,灵活使用属性节点。

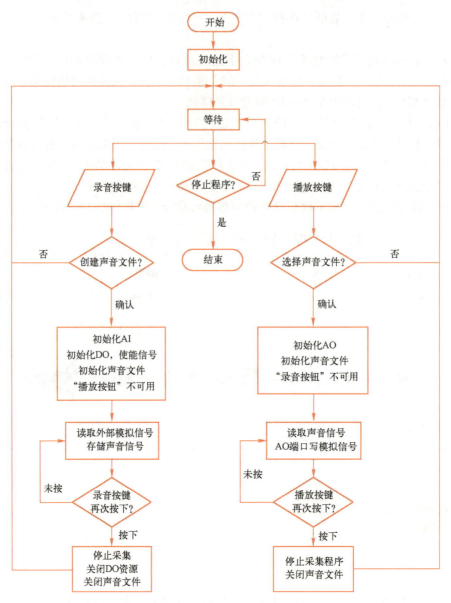

图 12-3　数字存储时录音系统流程图

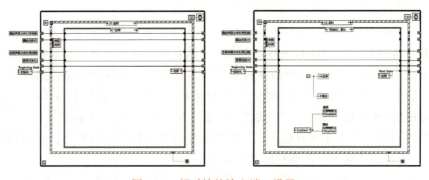

图 12-4　超时帧的输入端口设置

项目12 数字存储式录音系统设计

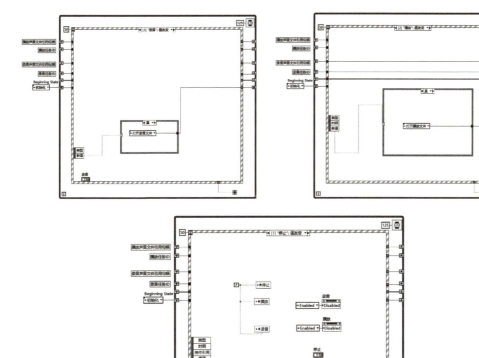

图 12-5 "录音""播放""停止"帧

12.3.3 声音数据采集与播放

1）打开文件，系统在进行录音或播放工作前，都需要文件操作，故首先需要选定合适的文件路径，如图 12-6 所示。

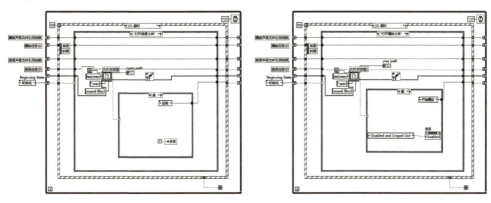

图 12-6 录音、播放文件打开

2）开始录音，该分支分别对 AI 通道和声音文件的初始化信息进行配置，如图 12-7 所示。使用"配置声音输入"函数配置声卡参数，采集声音数据并将数据传送至缓冲区，并使用"读取并打开声音文件"函数设置声音文件初始信息。

3）录音，使用"读取声音输入"函数和"写入声音文件"函数，将 AI 通道采集到的声音信号写入声音文件，如图 12-8 所示。

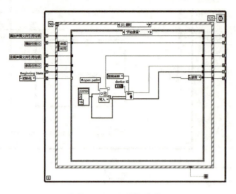

图 12-7　开始录音　　　　　　　　图 12-8　录音

4）开始播放和播放，使用 AO 通道输出声音信号，在开始播放中使用"配置声音输出"函数对声卡设备信息进行配置，如图 12-9 所示，在播放分支中读取和转化声音文件数据并使用"写入声音输出"函数将数据写入声卡，如图 12-10 所示。

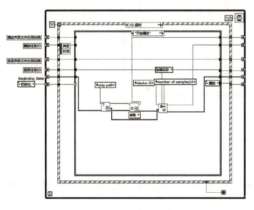
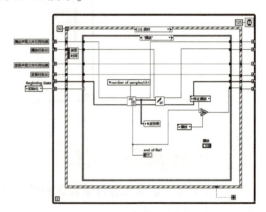

图 12-9　开始播放　　　　　　　　图 12-10　播放

5）当主界面中单击停止按钮时，状态机跳转至结束录音或播放的状态。将所有的硬件通道清零并释放，如图 12-11 和图 12-12 所示。

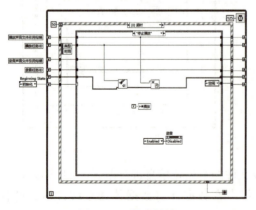
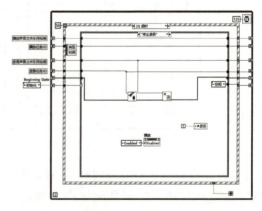

图 12-11　停止播放　　　　　　　　图 12-12　停止录音

任务 12.4 运行调试

运行程序进行调试。可以试着录制一段音频,并保存到指定的文件夹中,再试着播放存储的音频文件。需要特别注意如下几点。

1)进行存储前要先设置好保存路径。
2)存储和播放的音频文件必须为"wav"格式,即文件扩展名为".wav"。
3)录音时,在单击"录音"按钮后才开始保存数据。
4)双击图表上的数值,可以改变波形显示的范围。

12.5 思考题

1. 音量的修改如何实现?
2. 随时暂停的功能,若不使用状态机,容易实现吗?

参 考 文 献

[1] 郝丽，赵伟. LabVIEW 虚拟仪器设计及应用［M］. 北京：清华大学出版社，2018.
[2] 曾华鹏. 虚拟仪器与 LabVIEW 编程技术［M］. 西安：西安电子科技大学出版社，2019.
[3] 杨高科. LabVIEW 虚拟仪器项目开发与实践［M］. 北京：清华大学出版社，2022.
[4] 张兰勇. LabVIEW 程序设计基础与应用［M］. 北京：机械工业出版社，2019.
[5] 隋修武. 测控技术与仪器创新设计实用教程［M］. 北京：国防工业出版社，2012.
[6] 王先培. 测控系统与集成技术［M］. 武汉：华中科技大学出版社，2012.
[7] 魏德宝，吴燕，付宁，等. LabVIEW 虚拟仪器设计指南［M］. 北京：清华大学出版社，2021.
[8] 唐赣. LabVIEW 数据采集［M］. 北京：电子工业出版社，2021.
[9] 王超，王敏. LabVIEW 2015 虚拟仪器程序设计［M］. 北京：机械工业出版社，2016.
[10] 陈勇将，高明泽. LabVIEW 案例实战［M］. 北京：清华大学出版社，2019.
[11] 邢青青，张晓萍，于希辰. LabVIEW 虚拟仪器基础教程［M］. 西安：西安电子科技大学出版社，2022.
[12] 钱政，宋晴，陈玉. 测控技术与仪器专业概论［M］. 北京：机械工业出版社，2020.
[13] 陈树学，刘萱. LabVIEW 宝典［M］. 3 版. 北京：电子工业出版社，2022.
[14] 宋铭. LabVIEW 编程详解［M］. 北京：电子工业出版社，2017.
[15] 李江全. LabVIEW 虚拟仪器技术及应用［M］. 北京：机械工业出版社，2019.
[16] 陈忠. LabVIEW 图形化编程：基础与测控扩展［M］. 北京：机械工业出版社，2021.
[17] 詹惠琴，古军，罗光坤. 虚拟仪器设计［M］. 2 版. 北京：高等教育出版社，2019.